标识设计系列丛书

■

城市标识系统规划设计

■

西利标识设计制作有限公司

张西利　　主编

中国建筑工业出版社

图书在版编目(CIP)数据

城市标识系统规划设计／张西利主编．—北京：
中国建筑工业出版社，2006
（标识设计系列丛书）
ISBN 7-112-08395-8

Ⅰ.城... Ⅱ.张... Ⅲ.城市规划－标志－设计
Ⅳ.TU984

中国版本图书馆CIP数据核字(2006)第067514号

责任编辑：费海玲
责任设计：崔兰萍
责任校对：张景秋

标识设计系列丛书

城市标识系统规划设计

西利标识设计制作有限公司
张西利　主编
*
中国建筑工业出版社出版、发行（北京西郊百万庄）
新 华 书 店 经 销
北京嘉泰利德制版公司制作
北京中科印刷有限公司印刷
*
开本：880×1230毫米　1/16　印张：10　字数：300千字
2006年6月第一版　　2006年6月第一次印刷
印数：1—2500册　　　定价：98.00元
ISBN 7-112-08395-8
　　　(15059)

前　言
FOREWORD

在中国，目前发展最早的标识行业应该是在深圳，早在 1990 年初，国外广告进入中国市场的时候，深圳就出现了一批广告设计制作公司。目前标识设计公司在深圳是最多的，比例也是最高的。今天我们可以欣喜地发现，标识业已经在中国大地上红红火火地发展起来了。

但时至今日，我们在标识事业的发展又陷入了一个尴尬的境地，标识业在得到迅速发展的同时，由于种种原因其自身还不甚完善，一些人讲，投入标识行业是很简单的事情，两三个人就可以做一个设计公司，四五个人可以做一个制作公司，十几个人可以做一个大的制作公司，因为标识制作的工艺太简单了。说到底，我们标识行业在人们心中就是一个招牌店，这种对标识行业简单的理解是错误的，也是不全面的。中国标识行业之所以没有获得普遍的认可和重视，其中的原因有很多，这里就不一一赘述。在此我想说的是，标识行业不是简单的制作加工业，而是集规划、设计、制作等各种工艺于一体，实用性与艺术性高度统一的产业。目前，在华南地区的标识公司很多，但真正做到系统设计规划的公司屈指可数，甚至有些公司有几个亿产值，但只制作不设计，我个人认为这并不是真正的标识业。不把科学化、艺术化的设计作为标识业的核心竞争环节，这就导致了外界特别是一些国有大型企业对标识行业的不认同、不重视。

标识行业的特性就是一要实用，二要美观。比如，标识牌的布点，从一个城市的环境到一个区域，乃至一个小会场，在一般人看来位置的选择并不重要，只要不挡人不挡路就可以，但事实上这样简单的做法是行不通的。现在从国外引进的一些先进的设计理念，大小、距离、尺度感、色彩等，使我们这个行业具备了很强的专业性。而国内一些广告公司在标识方面实际上是一片空白，却都会说他们能够设计制作标识，最后设计出来的作品如同平面设计，非常美观，但难以在实际中操作实施，这种现象成为制约我们行业发展的一个枷锁。

从标识市场的无序无规范到设计师设计理念的缺乏，都充分表现出了这个行业急需一种更加专业化、规范化的行业规则作为标识设计制作的指导思想和行为准则。我们在改变自己观念的同时，也要兼顾到周围人群对这个行业的看法，如果这个社会普遍重视这个行业，那么，中国的标识行业一定会有一个美好的明天。

序 言
PREFACE

标识,作为一种视觉识别艺术,可以说从不同程度上影响着所有的人。人们通过视觉来传达信息,是人类活动的根本,这点我们可从人类演进的过程中得到验证。作为标识主要类别之一的城市标识系统,是城市公共环境设施中的一个重要组成部分,它既是实用与美观的高度统一,也是探寻地域甚至民族文脉的"点睛"之笔,人们在通过城市标识系统精练的形象表达出来的导引信息时,可以充分感受其周边环境的品位、品质,也可以了解到地方文化特色和文化习惯。可就是这样与人们生活息息相关的标识,在中国却长期被人们熟视无睹,对它的成长漠不关心,甚至是任其自生自灭。正因如此,我国的标识业长期处于一种"营养不良"的 "三无"(没有行业名称,没有主管部门与行业协会,没有行业标准及资格认证体系)的尴尬境地,标识就是人们心中的招牌店,但却没有得到普遍的认可与重视。

近年来,国外标识行业的蓬勃发展触动了中国标识业的普遍觉醒。中国标识行业化已成为标识界的共识,而作为一种行业,它必须有一整套相对完善的系统性的、具有指导性的理论与实践的规范,以此引导行业的健康持续和谐的发展。而这正是当前中国标识业所欠缺的。

笔者是中国较早对标识进行专业化、理论化、系统化研究的学者之一。同时,作为一个长期从事标识设计制作和研究工作的企业家,笔者在标识专业建设、标识设计队伍、标识设计研发及标识理念

培训等方面都逐步形成了自己的优势和特色，从专业化和科学化的角度加以实质性的理解，提炼出了有关标识理念、设计、制作、安装、服务等方面的理论知识，逐步形成了国际标准化、规划全面化、功能突出化、设计人性化、造型现代化、风格个性化的标识系统设计制作方向。

本书通过大量的案例讲解，多层次、多角度、图文并茂地从城市标识系统的规划、设计、制作等方面综合阐述了城市标识系统的理论知识，力求生动、详细、紧凑，言简意赅，通俗易懂，为广大标识专业人员提供一个理论性的参考教材。

西利标识设计制作有限公司
张西利

目 录
CONTENTS

一、城市标识系统的规划

City Marking System
Programming

城市是人类现代文明的巨大载体，是人类科技成果的聚集中心。无数的大街小巷，无数的商业场所，无数的机构、公司、学校，还有许多的娱乐场所、休闲区域，这种富有现代气息的生活方式和前沿的都市文明令人向往，但有的时候，也难免会产生尴尬：不熟悉的环境会浪费你的很多时间，一切都是那么陌生，陌生的环境会让你迷路，或者不敢深入到更远一点的地方去。在一个日新月异的大型的城市环境里，即使是长期生活在这个城市里的人，有时也难免在错综复杂的环境中迷失方向。随着中国城市建设步伐的加快，集辨别方向、识别公共设施、寻找道路、警示服务、城市文化、艺术美感于一体的城市标识系统在人们的生活和工作中也发挥着越来越重要的作用。

城市标识系统是一项巨大的规划设计系统工程，每个城市的经营者绝不能忽视这个系统工程的作用，一个与城市、与环境和谐共存、持续发展的标识系统能协助人们顺利开展工作，能让市民及访问者节约时间，提高工作效率，整个城市都在有序地进行良性循环，你开心，我开心，市民都开心，那么城市的效率能不提高吗？所以，可以毫不夸张地说，一个城市标识系统的优劣，是衡量一个城市文明程度的标志之一，也是衡量这一城市规划水平优劣的标志之一。

在城市标识系统中，标识的规划、设计、制作及安装是一个完整的工程步骤，它们之间是环环相扣、互为影响、密不可分的统一体。兵法有云："先谋而后动"。城市标识系统的规划就是一个"谋"的过程,它是一个优秀城市标识系统产生的前提。在城市标识系统规划与设计、制作、安装之中,标识系统的规划则是进行标识系统设计制作及安装的指导思想,是城市标识系统工程的第一步,在城市标识系统工程中起着不可或缺的重要作用。

对于城市标识系统规划者而言,设计的可操作性以及实施的规范性,是决定标识系统设计能否实施的关键环节。在进行城市标识系统的规划过程中,全面考虑、分析环境,了解地域文化、乡土民情、建筑风格、城市人员状况、旅游人员多少等因素,进行综合分析,确定城市标识系统的总体规划,再进行区域划分等都是关键环节。

对于城市标识系统规划的重要性,不少的城市规划者都存在着这样的认知误区:标识系统的规划设计是城市环境建设中的后续部分。在他们的意识里,城市环境的规划设计与城市标识系统的规划设计的关系,就如同先盖好房子再装修,装修的好坏与否仅仅取决于装修自身水平及质量的高低,而与盖房子的规划无太大关系。其实,正是这一认识的误导,给城市标识系统的规划带来了许多实际的困难与障碍。针对这一情况,在城市标识系统的规划过程中,要注重对城市环境进行多角度的、认真的调查,切合实际地积极介入到城市环境的整体规划当中,融合地域审美文化与城市环境的内涵,前瞻性、系统性地从调研区域环境、人文特征入手,规划与之相配套的标识系统,在城市标识系统的规划布局上要特别强调:合理、流畅、全面。

<table>
<tr><td rowspan="2">1</td><td>2</td><td>3</td></tr>
<tr><td>4</td><td>5</td><td>6</td></tr>
</table>

1 多向指示牌

2 形象牌

3 商铺吊牌

4 商铺吊牌

5 多向指示牌

6 设施功能牌

城市标识系统规划布局上的合理性反映在城市的大环境之中，应该从宏观与微观两个方面去体现。从宏观上说，标识系统是城市环境中不可或缺的重要组成部分，它的布局也应该是城市整体规划的一部分，同时也会受到城市规划的影响与限制，因此城市标识系统的规划应融入到城市大环境的规划当中，从位置、大小及外形上力求与城市规划统一、和谐。从微观上看，每一个标识又是整个标识系统的组成部分，每一个标识都应该与整个标识系统有着可追溯性、延续性，在整个标识系统中，每一个标识都应该是不多不少、恰到好处的。

1	3
2	4

1 ｜ 商铺吊牌
2 ｜ 商铺形象牌
3 ｜ 商铺吊牌
4 ｜ 商铺吊牌

（一）合理性

Reasonable

城市标识系统在选址、内容与形式上的合理性是标识系统规划的重点之一。城市标识系统规划过程中应考虑与城市的规划建设和其他景观的关系，要以城市大环境的眼光来注重其中的各种关系，从标识系统的形式形态、内容、力学、人体工程学、放置位置上重视与城市规划、城市景观、公共环境的向背、衬映、承合以及比例、尺度、大小、视角等因素的融合性、统一性，让标识系统涵盖城市与环境的外延和内涵。

1.分布均匀

在城市标识系统规划过程中，要注意标识放置的整体性，同类标识的放置既不能多，也不能少，放置的多少与位置的选择要恰到好处。多则抢景，让人生厌；少则削弱了标识的引导功能。还须考虑与城市形象、其他景观的关系，在标识布点上要以有机秩序及系统思维为基础，与环境同置于一种相互影响、相互制约的关系中，注意均衡、远近、重复、延续、互补等的处理，创造组合的、系统的空间形体。

城市标识系统的位置必须醒目、便捷，不需要有过多的掩饰或装饰元素，以引起人们的注意。过多的掩饰有时会破坏标识的基本功能，例如有的标识放置在绿化带中，由于高度与绿化带的不协调，会造成标识下部的内容被绿化带遮挡住，而失去了标识的指示功能。有些标识装饰得花里胡哨的，同周边的环境完全"融为一体"，反而不能引起人们的注意。

1	指示牌
2	小区总平面图
3	指示牌
4	景观小品
5	楼栋牌

	2	
1	3	5
	4	

　　城市标识系统中的位置必须保持一致性，也就是指同类标识的位置相对固定不变，尽量避免这个标识放在右边，而下一个同类标识却放在了左边，这不符合人们的视觉习惯。特别是交通标识系统可以统一设置在道路的一侧，我国的道路交通标识系统都以设置在人们视觉的右边为主。

　　城市标识系统中具有导向性或指示性的标识在布局上一般要求设在交通道路的一侧，同类标识不可距离得太远，以免使人按照前面标识的指示走了一半，却不知如何继续走下去。特别是在道路分岔和交叉处、道路转折处以及一些道路的特殊地段，一定要使标识的布局有连续性。

1	3	4
2		5

1 交通指示牌
2 交通警示牌
3 交通警示牌
4 交通警示牌
5 交通警示牌

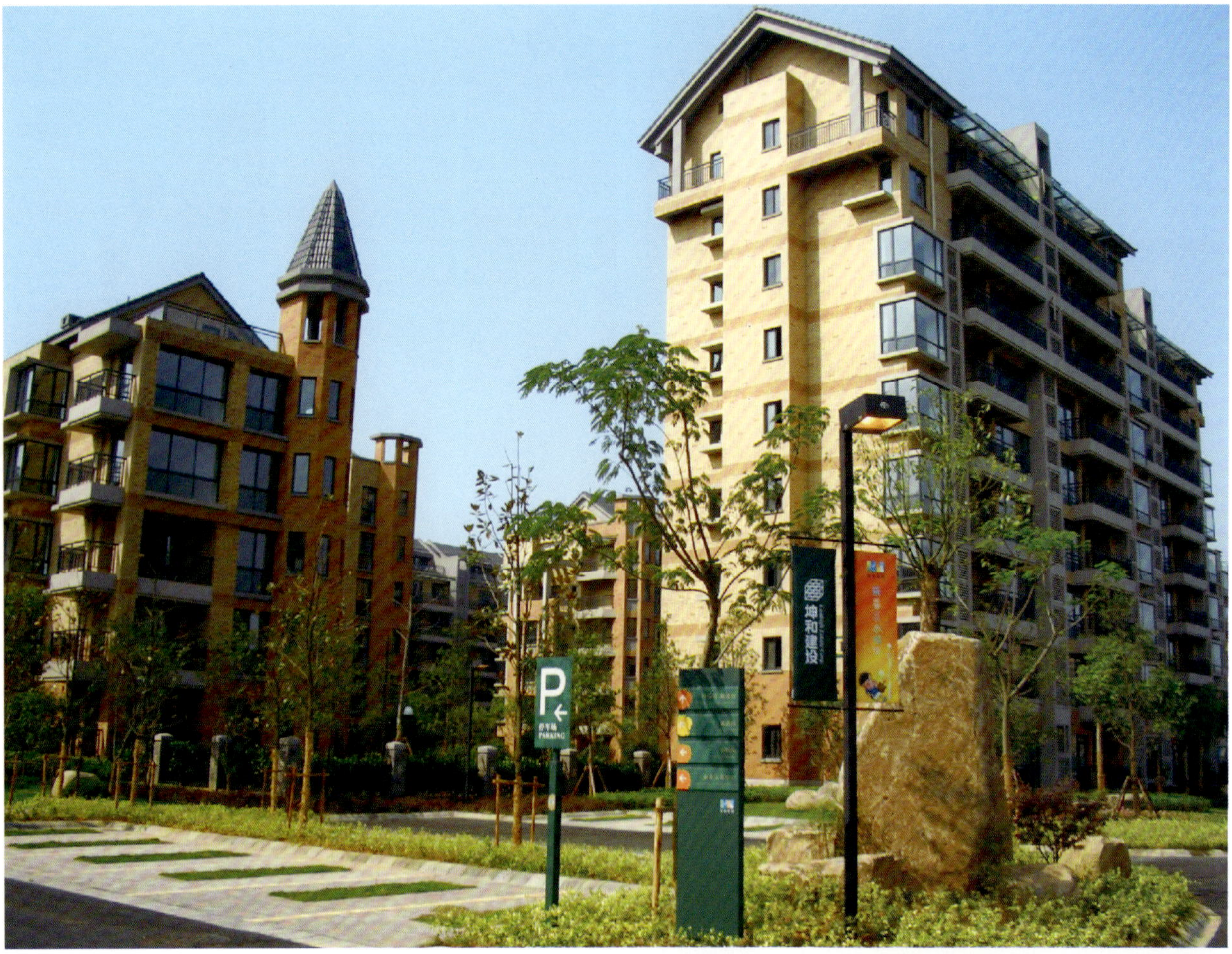

此外，标识的布局要充分考虑到与环境的有机结合，既要"凸显功能"，又要"隐于环境"，与环境之间的布局均匀，色彩协调。一些重要的、复杂的环境区域内可考虑适当地增加部分标识，例如，在有些如"迷宫"般的场所，岔路多，且高楼密布，人们的目光很难看到远处，在这样的情况下，就可适当增加指示标识和导向标识的数量；而一些"一望无际"的区域就可适当地减少一些标识的数量。总之，标识的数量设置要恰到好处才行。

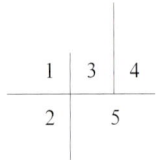

1 | 多功能指示牌

2 | 形象牌

3 | 单元牌

4 | 设施功能牌

5 | 多向指示牌

2
单元 CELL
东坡坊 1 幢

健身广场

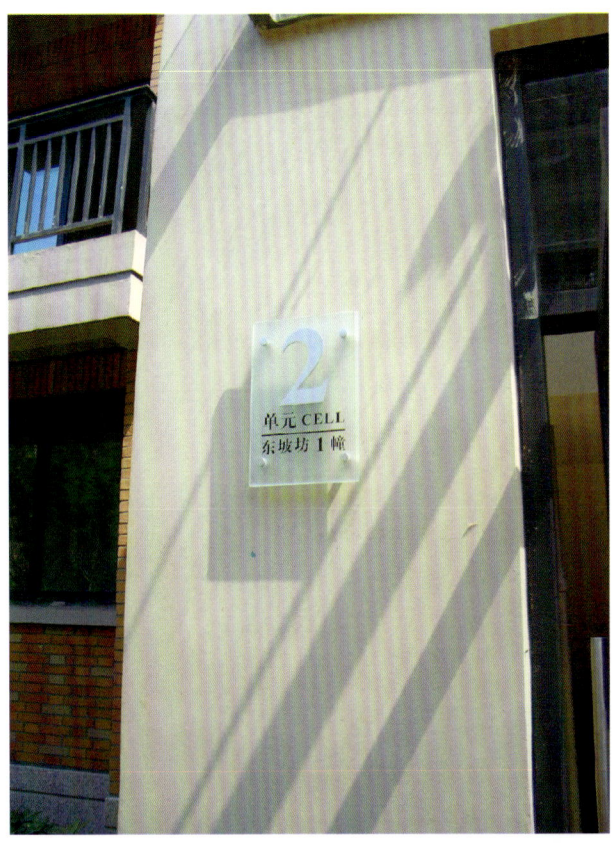

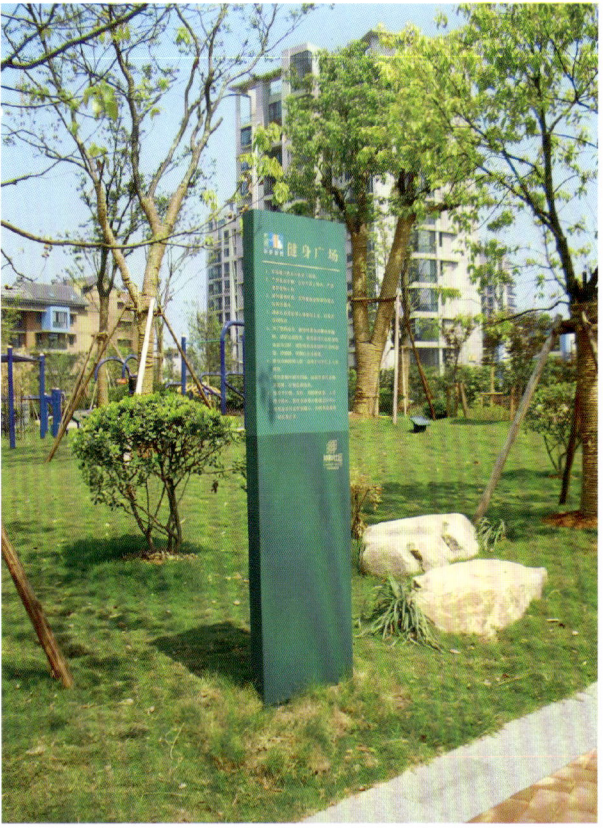

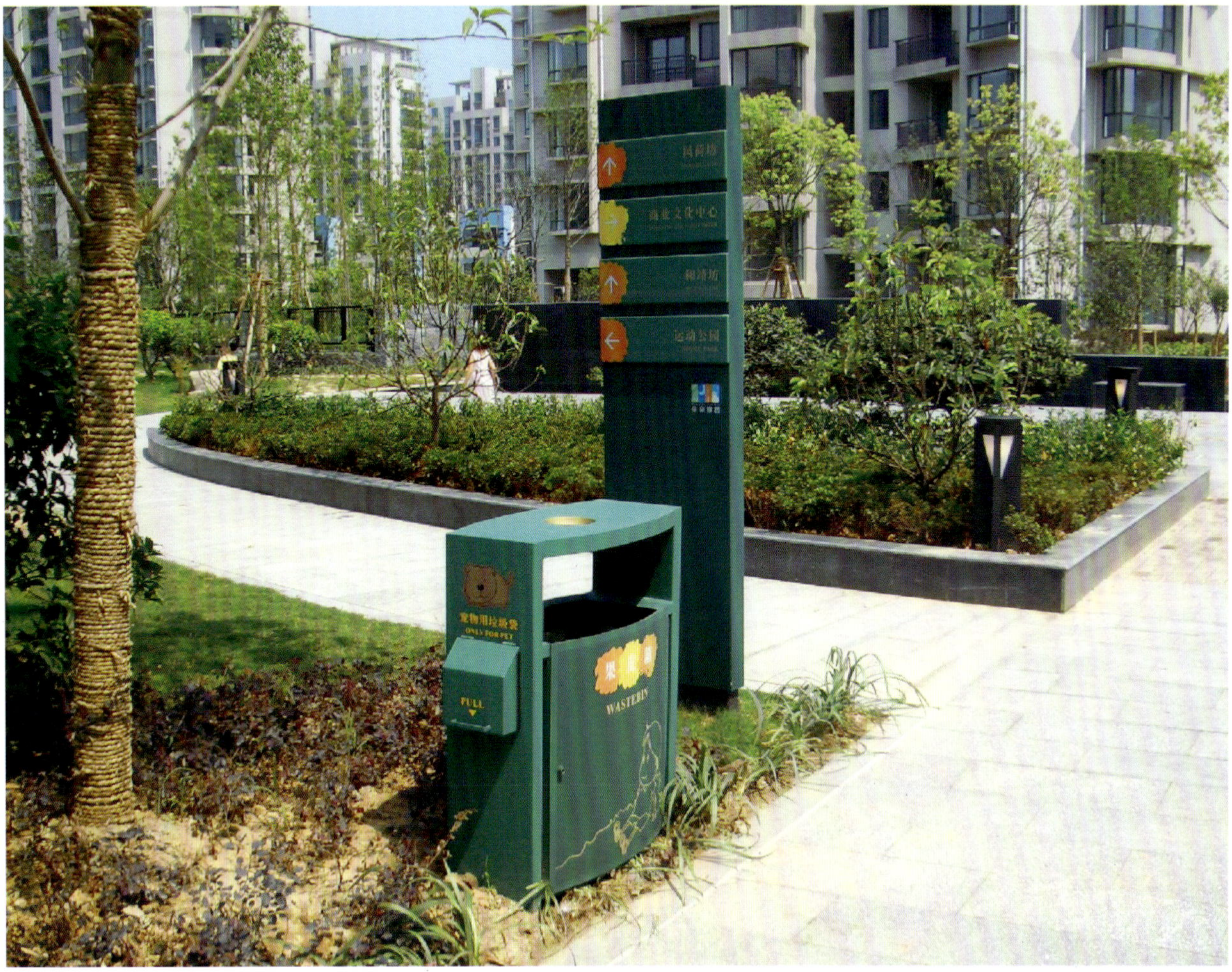
商业文化中心
运动公园
宠物用垃圾袋
ONLY FOR PET
PULL
WASTEBIN

2. 主次明确

城市标识系统在规划过程中要突出一些自成一体、独立性强的标识（如交通标识）的主体位置，其他标识严禁将其遮挡或与其混置。同一区域中的标识系统规划也应有层次感，阶段性地呈递进的关系分布，注意主题与背景的互相映衬，突出主题，避免主次不分，喧宾夺主，造成本是为析离混乱的标识却形成新的视觉混乱。

为了突出主题，在标识系统的图形与文字的安排上可以形成鲜明的对比。重要的标识信息可以用放大的图形或文字来表现，反之同理。还是以交通标识为例，在高速公路的标识系统中，一些出口处的地名及方向相对于"距离出口多少米"这一信息来说要重要得多，因此出口的文字和方向指示就要大一些，以引起人们的关注。

 注意行人标志

 堤坝路标志

 傍山险路标志

 村庄标志

 机动车车道标志

 禁止机动车通行标志

 禁止汽车拖、挂车通行标志

 禁止鸣喇叭标志

 限制高度标志

 渡口标志

 非机动车车道标志

 步行标志

辅助标志货车标志

在标识系统的色彩搭配上，可以利用色彩的反差或融合来表现标识系统的主次。色彩是一种很情绪化的东西，具有较强的视觉感染力，它可以直接影响到人们注意力和情绪。它所造成的视觉冲击力是整个标识牌能否被重视的关键要素之一，是丰富视觉效果、渲染环境氛围的不可缺少的重要手段。

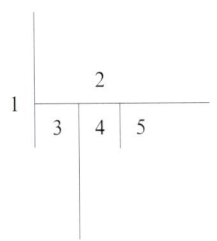

1 | 多向指示牌

2 | 形象牌

3 | 多向指示牌

4 | 多向指示牌

5 | 多向指示牌

光线的利用也是表现标识系统主次的一种手法。光线的利用又可分为自然采光和人工采光两种。在标识系统的布局中，要考虑到自然光线的明暗度，以保证标识系统的主次，如果在一个自然光线很差的环境中，再设置一个集光效果不显著的标识，就算是上面有非常重要的标识讯息，也是很容易被人们所忽视的；在人工采光的过程中，人们可以利用人工采光的光线明暗或局部照明来产生亮度上的对比，形成明显的主次区别。

1 ｜ 多向指示牌
2 ｜ 多向指示牌
3 ｜ 指示牌
4 ｜ 指示牌

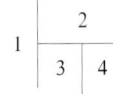

在城市标识系统的布局中，一定要符合人们的心理习惯和视觉习惯，毕竟标识是给人看的，是为他人服务的，如果别人看着就别扭或是一些人根本就看不到，那么这肯定就是失败的标识布局。

一些功能主要的、整体性强的标识要处于心理和视觉的突出的位置上，其他的标识则处于相对次要的位置上，而且还要有相对的层次感。比如道路上的交通标识应比旅游指示图要重要得多，因此，交通标识应占突出位置，而在众多的交通标识中，也会因为某些路段的不同而有主次之分，这时又要在突出整个交通标识系统的前提下，突出"重中之重"的标识。

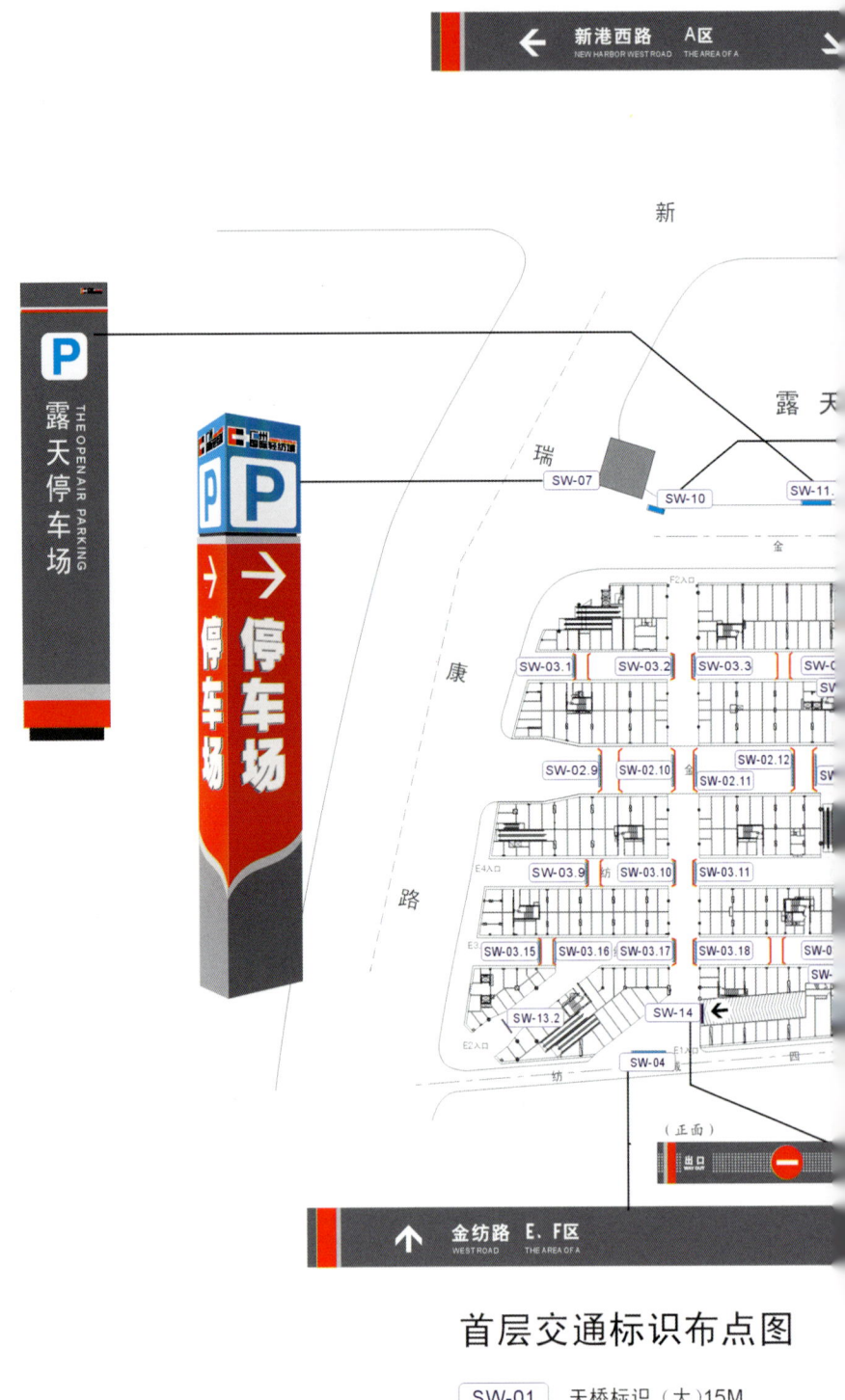

首层交通标识布点图

SW-01	天桥标识（大）15M
SW-02	天桥标识（中）12M
SW-03	天桥标识（小）8M
SW-04	E1 入口标识牌

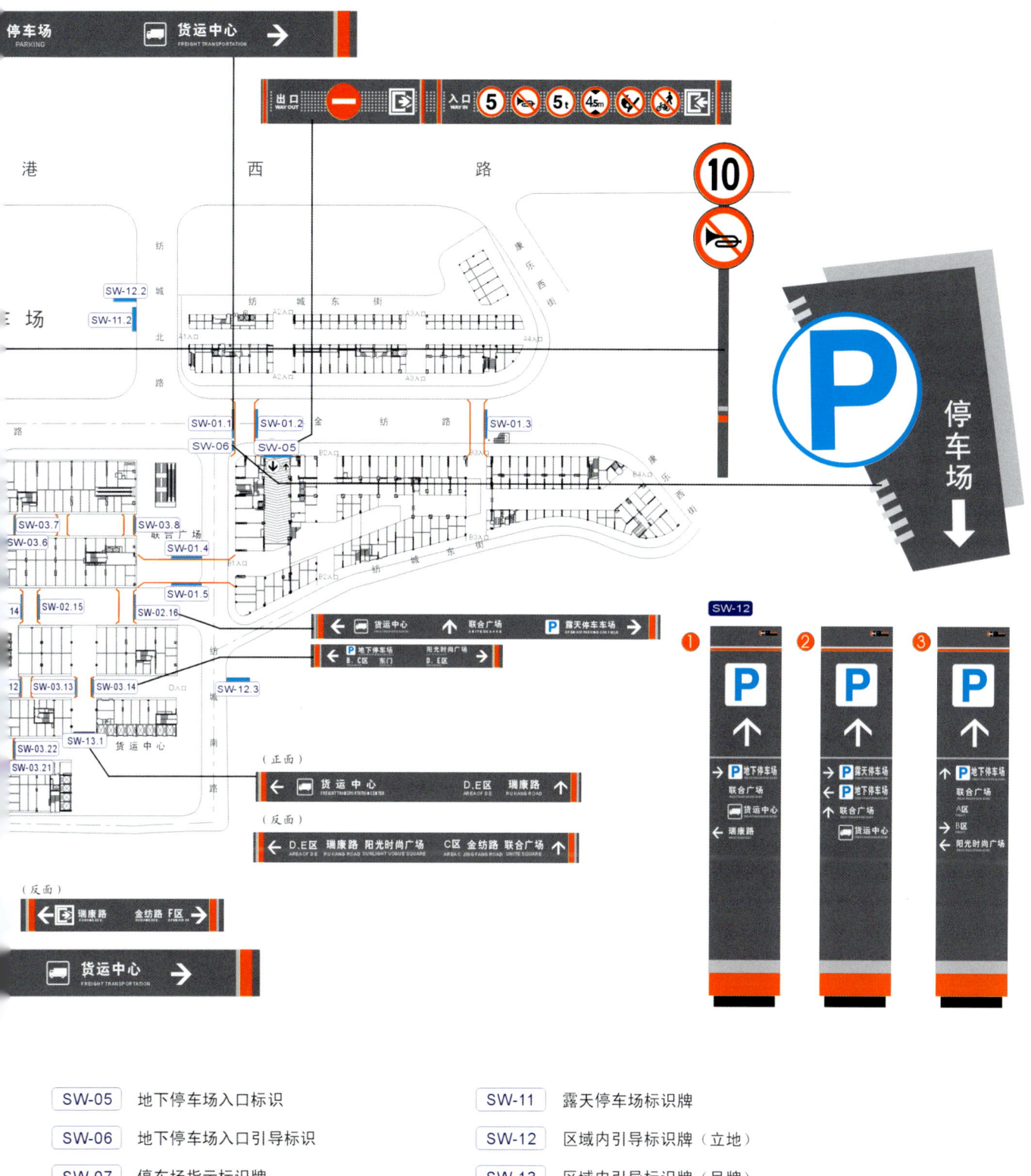

SW-05	地下停车场入口标识	SW-11	露天停车场标识牌
SW-06	地下停车场入口引导标识	SW-12	区域内引导标识牌（立地）
SW-07	停车场指示标识牌	SW-13	区域内引导标识牌（吊牌）
SW-10	交通提示标识	SW-14	地下停车场出口标识牌

在如何表现城市标识系统的主次明确的特征上，视觉的角度是其中比较常见的表现手法之一。人们在行走过程中，一般的视觉习惯是平视和仰视两种，很少有俯视或斜视的，在适当的视距情况下，平视的效果给人感觉方便、有规则，比较容易看清内容以及整个标识的形状；仰视则给人一种稳定、雄伟、高大的感觉，有着非常强烈的震撼力和标志性。

1 ｜ 形象牌

2 ｜ 水牌

3 ｜ 多向指示牌

4 ｜ 形象牌

1 ｜ 2 / 3 ｜ 4

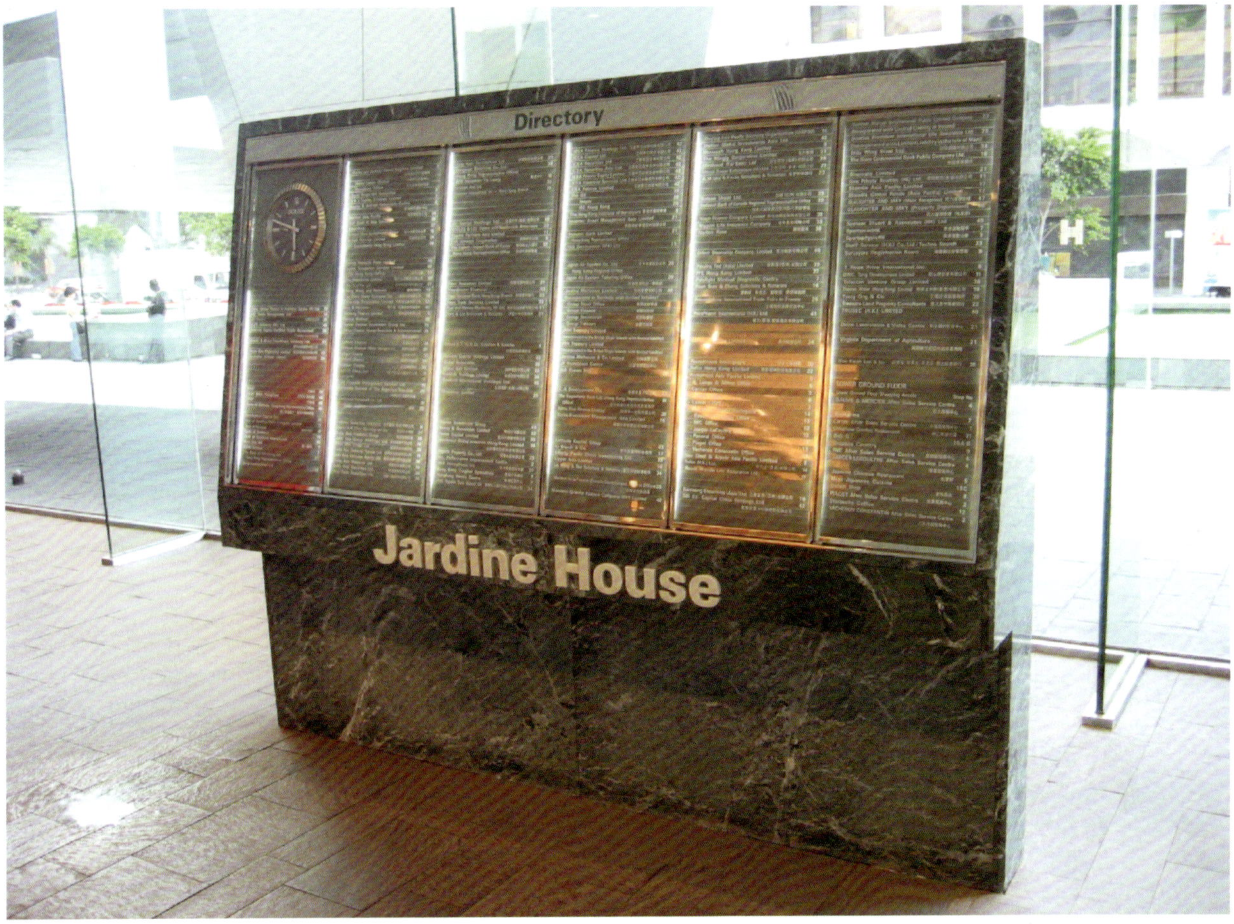
Directory
Jardine House

物业管理处
Estate Management
电梯洋房示范单位

香港站
Hong Kong Station

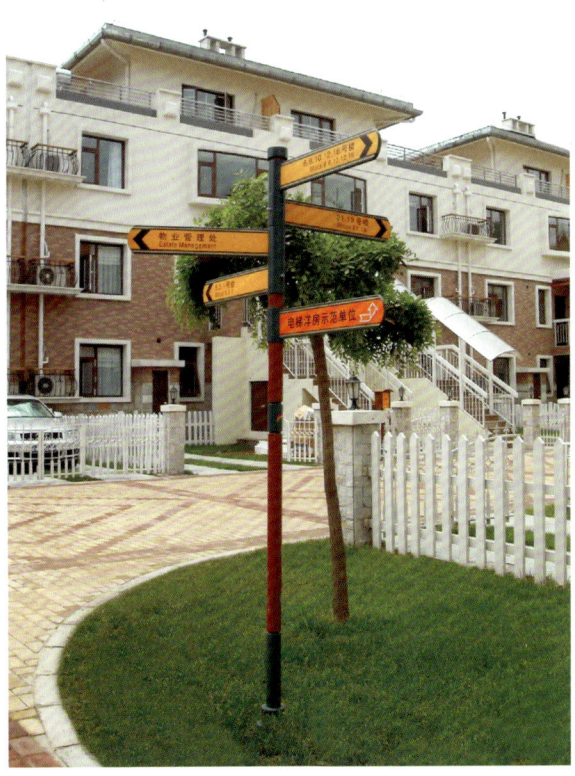

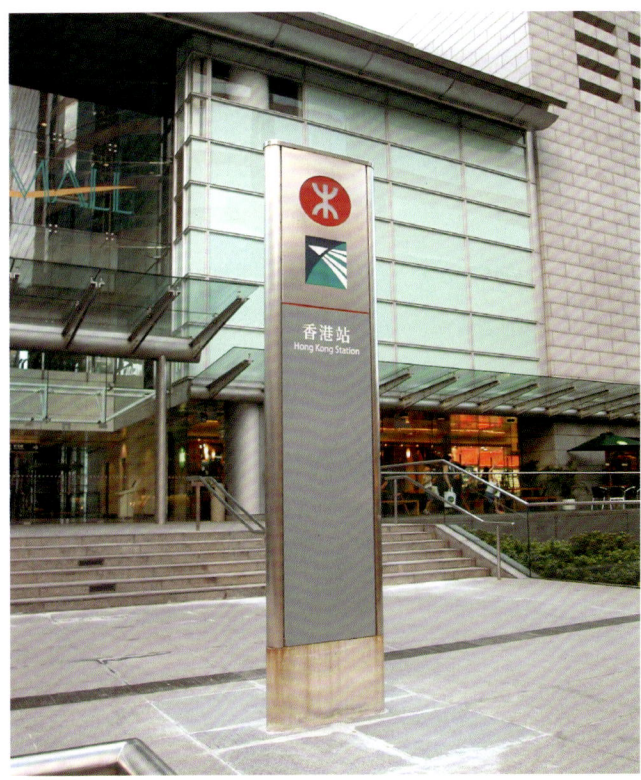

（二）流畅性

Flowing

在城市或环境中，同类或同区域的标识在规划布局上要注意其流畅性。在同类或同区域标识的布局中，要在内容、材质、方位、色彩、放置形式上前后保持有序性、一致性、连续性、逻辑性。

1.泾渭分明

不同类别的标识在规划过程中要区分开，特别是同一区域中的不同类别的标识尤其重要。在城市标识系统规划中，在同一区域中通常有着几种不同功能、不同类别的标识混杂在一起，要使它们井然有序，互不牵连，在规划阶段就要综合考虑，将它们有效地区分开来，使它们各自都将自身的功能作用全部发挥出来，在材料、色彩、外形等方面加以区分，使之泾渭分明，达到一目了然的目的。

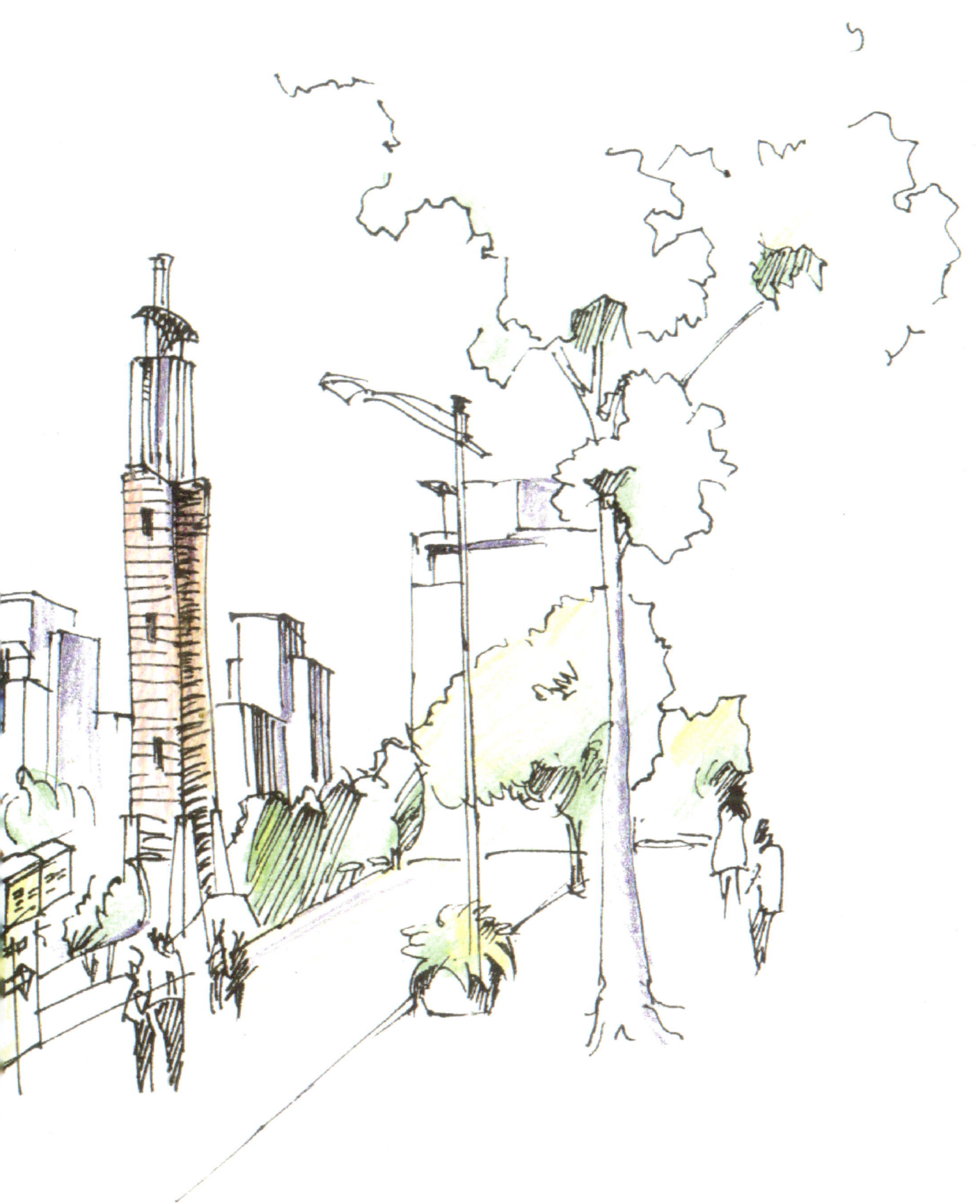

+ Flowing

在城市标识系统的规划过程中，要充分考虑到标识的功能性，不同功能的标识要从外形上严格区分开来。例如一些道路指示牌，可以做成长方形；而另外的标识牌则不可以做成同规模的长方形，可以根据需要做成其他形状或其他规模的，以达到有效区分标识的功能。

色彩也是区分不同功能标识的关键表现手法。在同一类的标识中，一定要保证从第一块标识到最后一块标识上所有的用色是一致的，而不同的标识中，则要使用与其他类标识相区分的色彩。例如在交通指示标识中，我国采用的是蓝底，而在交通禁止标识上，采用的则是红底，这样一来，既让大家对各自需要的讯息一目了然，又充分体现了各类标识的个性。

1 多向指示牌

2 指示牌

3 指示牌

4 停车场指示牌

1	3
2	4

为了区分不同类别的标识，尽可能在布局过程中选用不同的材料或不同的加工工艺加以分类，不同的材料配上不同的加工工艺给人的视觉冲击力也是不一样的，比如在草地警示牌的材料和工艺的选用上，就尽可能使用木材和表现原生态的色彩，以体现出人与自然的和谐共存；在交通指示牌上则采用铁制牌，以表现权威性和不可抗拒性。这样就可以有效地给人们传达信息，并且各自功能的区分十分自然。

1 ｜ 交通警示牌	1
2 ｜ 草地牌	2 ｜ 3
3 ｜ 草地牌	

不同功能的标识系统，在同一环境中安装方式与位置上要有所区分。一些主要的、讯息相对更为重要的标识应安放在醒目的位置，在安装方式上也要选择突显的方式。例如在城市公园中，公园的总体平面图应放置在大门内的显著位置，且多以墩形加主体方形安放在地面上。而其他的指引用标识则安放在不挡住交通的位置，且又各有主次之分。

1　多向指示牌
2　路名牌
3　多向指示牌

1	
2	3

在不同的环境或区域中，由于各自表现出的主题或文化底蕴的不同，在标识的规划过程中要分别对待。让人进入环境或地域之中，首先就可从标识上感受到这个环境或地域的韵味。概念的不同，主题的不同，标识系统自然就要表现出"泾渭分明"来。在此，特别要强调的是，在同种环境或区域中，同类别同功能的标识从外形、色彩、材料上一定要统一，不能一个标识一个样，这样又会误导人们对相同讯息的采用。

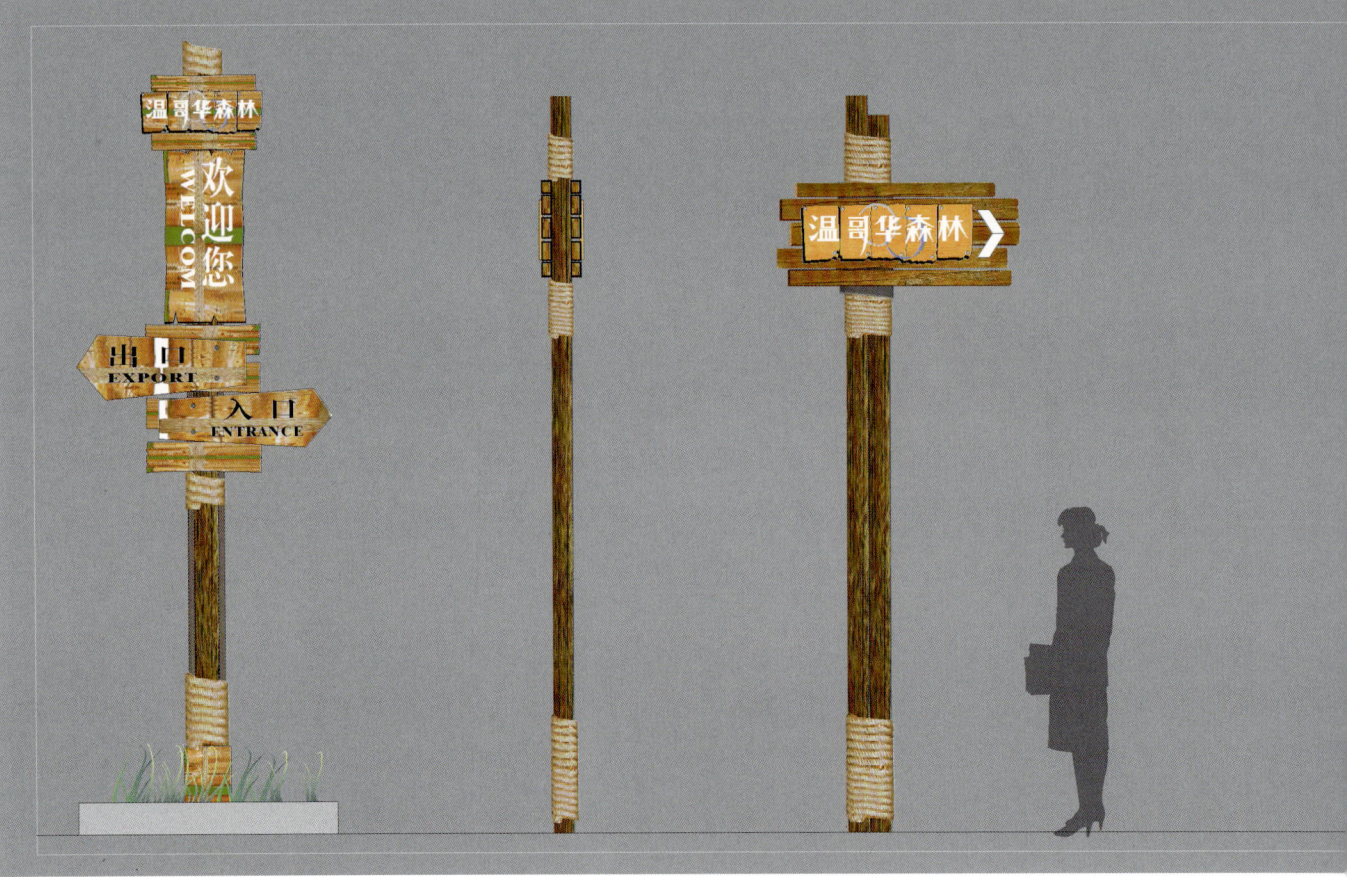

2.步步顺畅

同一类别的标识应以符合人们视觉习惯的流线形的方式连续分布，让标识真正起到引导人们的作用，在规划设计中，需要从视角、尺度、位置、大小、色彩的连续性上全面考虑，让人们在第一个标识与最后一个标识之间无须东张西望，能够非常顺利地通过，步步顺畅。

中山大信新都汇停车指示

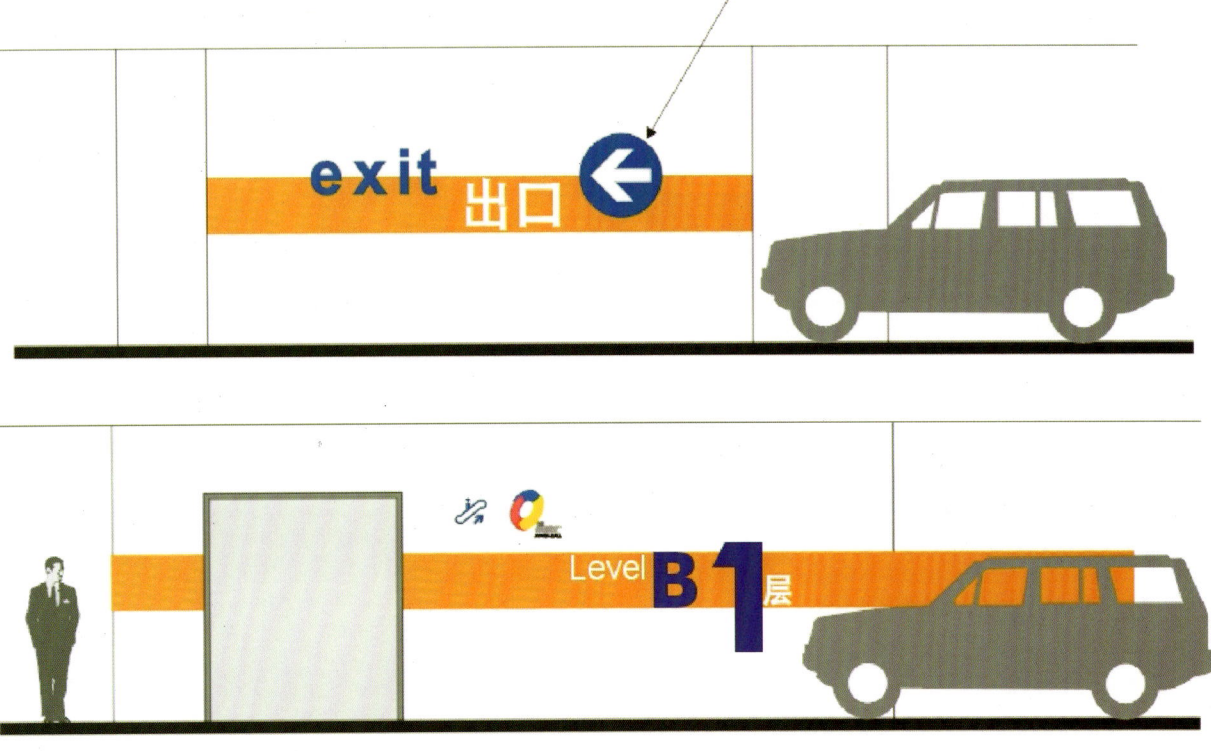

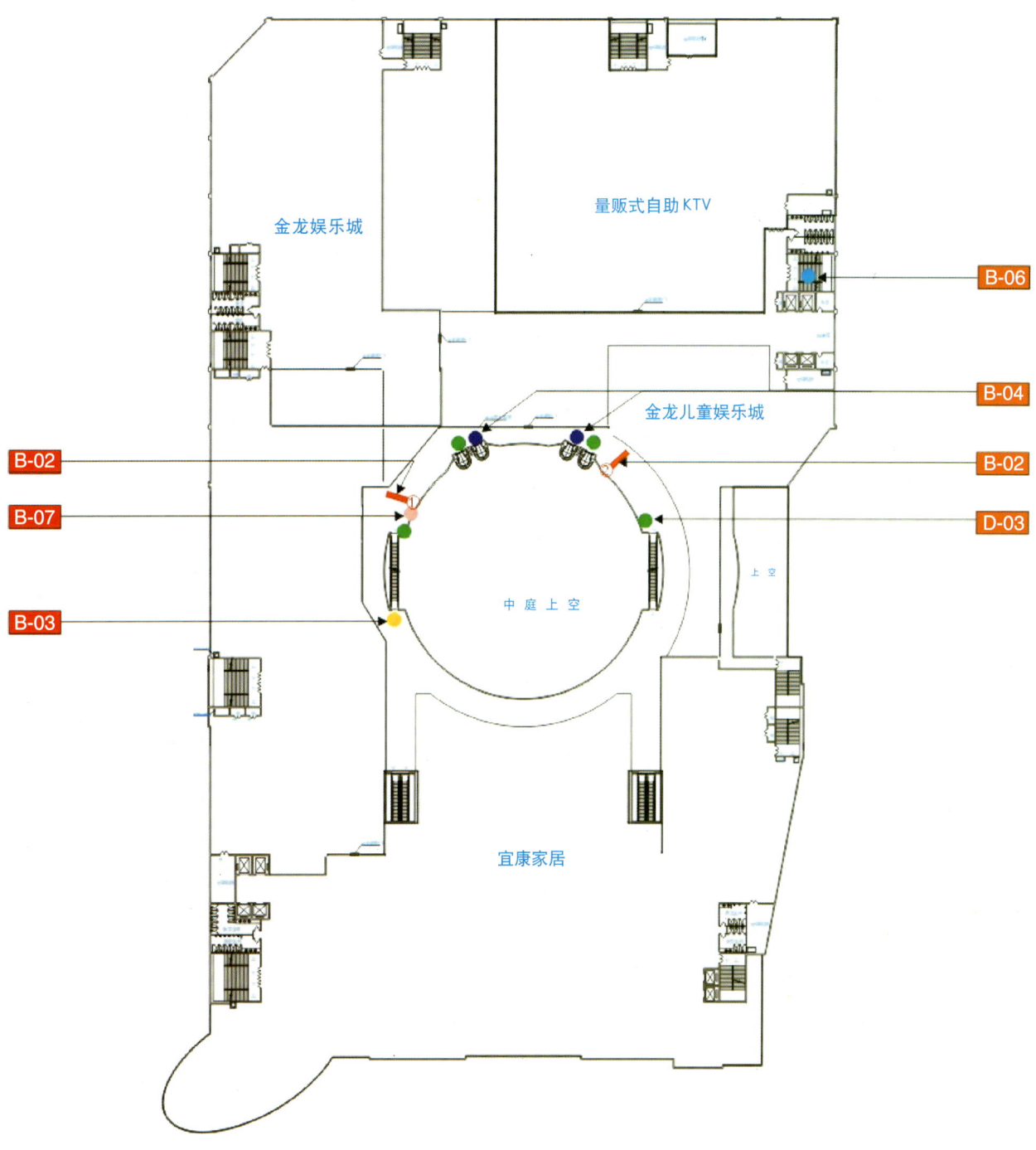

金龙娱乐城

量贩式自助KTV

B-06

B-04

金龙儿童娱乐城

B-02

B-07

B-02

D-03

上空

B-03

中庭上空

宜康家居

在地形复杂、讯息众多的环境中，也是最易造成讯息混乱的地方。这时，标识系统应满足人们对不同讯息的采用，以初次来到陌生环境中的人群的心理，从多角度上综合规划标识系统，准确、顺畅地反映环境讯息，以达到迅速分流的目的。

1 | 停车场指示牌

2 | 形象牌

同一功能的城市标识系统的规划设计中，一定要保证"有始有终"。也就是从人们接受第一块标识的讯息服务时，一直要到全过程的服务终止才算完成了标识的功能服务任务。为了使人们能够非常顺利地接受到标识的功能服务，同类标识的大小与高度的统一是非常重要的。人们在接受了第一块标识的服务之后，在脑海里会以第一块标识牌的大小与高度为标准，寻找下一块标识牌的出现，这时如果下一块标识的大小、高度与前一块不一致，那么有可能会被人们所忽视，也会让人们对标识功能产生迷惑与怀疑。

同样，在保证标识系统的步步顺畅的过程中，标识的放置间距也是十分关键的因素。规划过程中，不要使同一类别的标识显得太挤，也不能太松。要让受众在接受第一块标识服务后，需要第二块标识服务时，非常自然地出现在受众的面前。正如人们上台阶一样，一级台阶过窄，会让人有提脚紧赶的感觉；而一级台阶太宽，又会让人感到太慢。两者都时刻让人感觉得到台阶的存在，这种感觉是很累人的。而一个成功的标识，就是让人们在顺利地接受它的服务之时，让人感到一切都是那么自然，不会时刻去找标识，也不会时刻都见到标识。

步步顺畅的标识系统要求在进行规划之时要有整体性。这就要求在标识系统的规划的同时要结合环境或区域的总体规划来进行。标识系统的规划应与环境或区域的总体规划同时进行，方可保证标识系统的顺畅。否则，就会出现两个同类标识之间突兀出一幢建筑，或是与电网发生冲突，或是与一块其他类别的标识相冲突的现象，甚至这块标识是矗立式的，下一块标识又是悬挂式的，五花八门，让人何以步步顺畅？

1	3
2	4

1 ┆ 交通牌
2 ┆ 多向指示牌
3 ┆ 多向指示牌
4 ┆ 多向指示牌

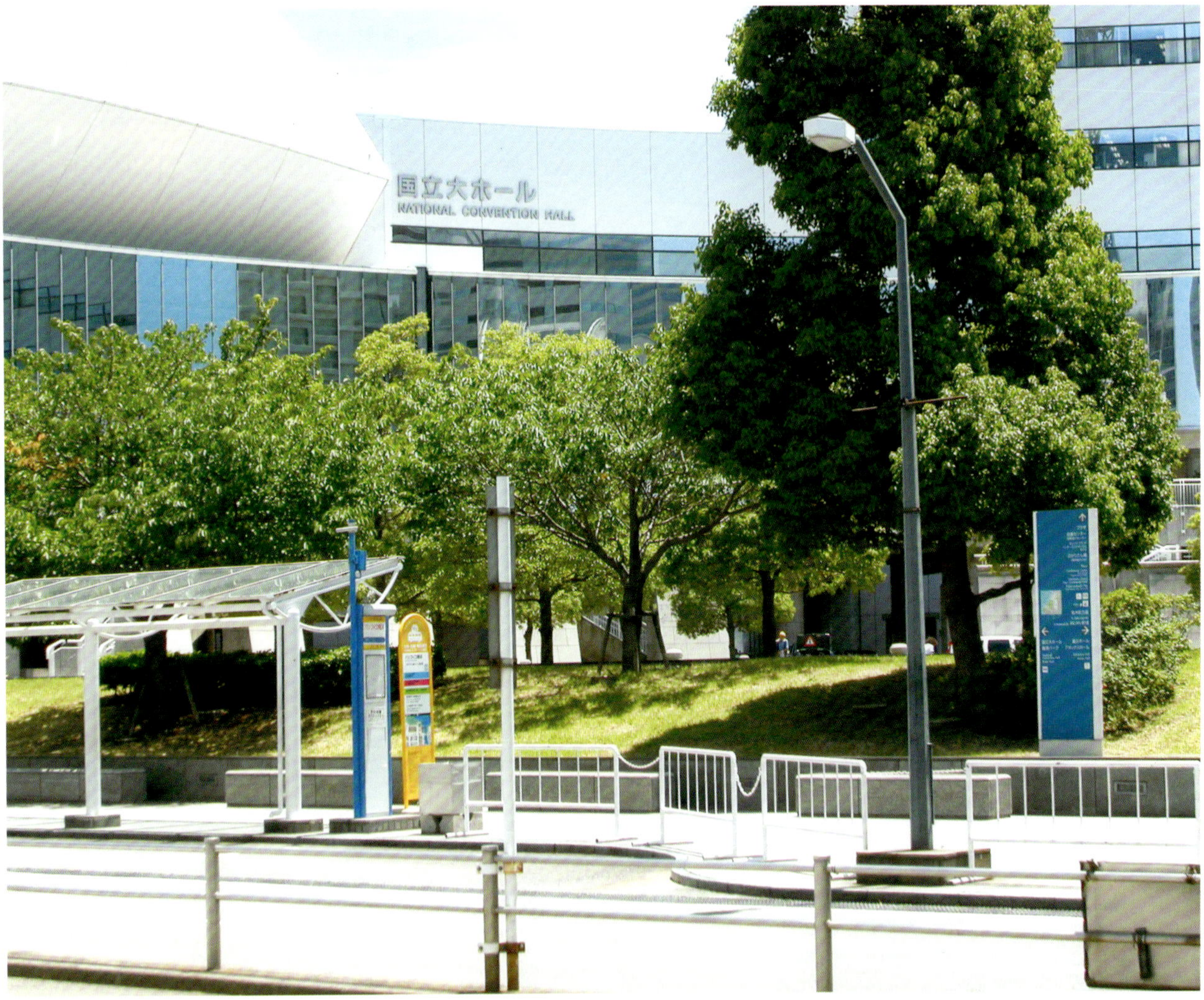
国立大ホール
NATIONAL CONVENTION HALL

パシフィコ横浜
PACIFICO YOKOHAMA

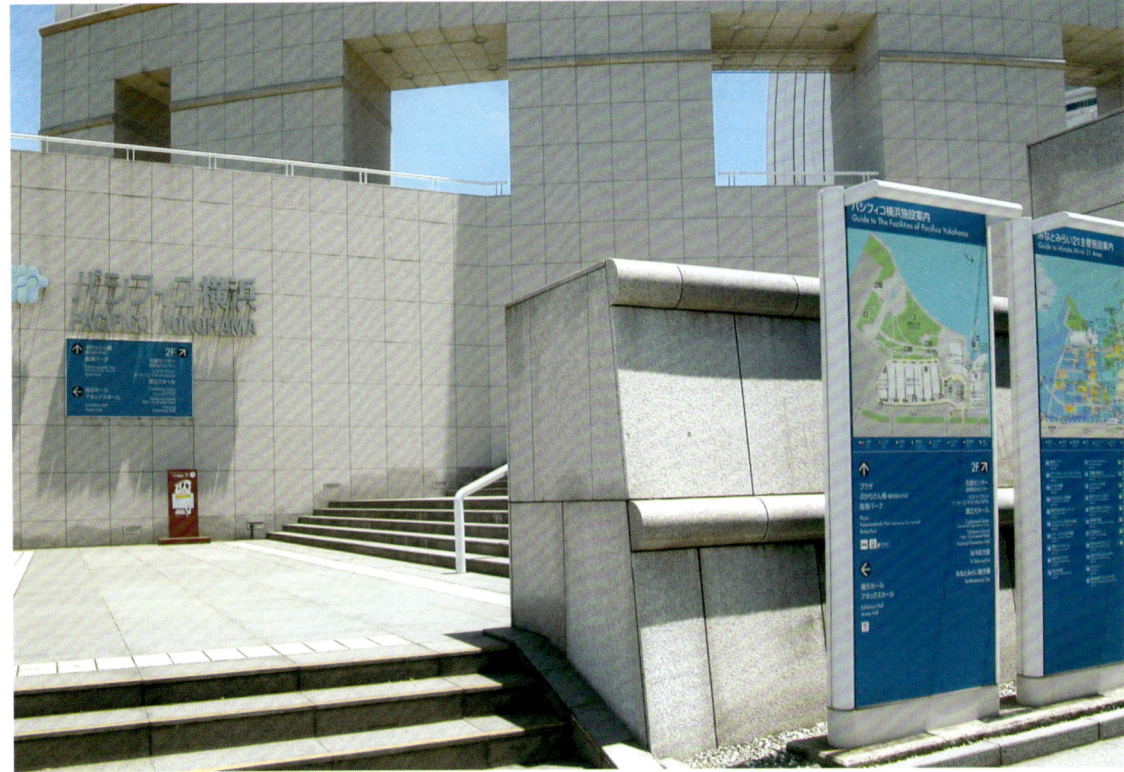

在标识系统的指示标识牌中，标识牌的指示方向一定要准确无误，不得误指、乱指，还得考虑到安装时的稳固性，不能因为安装松动、不牢固而造成以后方向的失误。在现实中就出现过由于指示牌指示方向的错误而造成人们兜了一圈又回到原地的笑话。因此，标识系统的步步顺畅是建立在准确无误的基础上的。

规划时要考虑到方案是否可行，下一步的设计、制作、安装、维护是否可以顺利进行，如果不行，则须重新更改方案。标识是一个系统化的工程，在规划时要从设计、制作、安装、维护各个方面进行综合考虑，要保证后续工作的连贯性和流线性。如果没有考虑到后续工作的可行性，则是一项不成功的规划方案。

1 | 多向指示牌
2 | 商铺吊牌
3 | 多向指示牌
4 | 多向指示牌

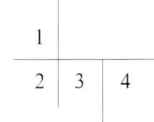

（三）全面性

Completely

城市标识系统的设计与规划在有些城市中存在着极大的随意性。这样做的结果是，同类标识书写和拼写不统一，地区之间甚至同一个城市之间的标识系统缺乏协调性和统一性，造成识别上的困难。不仅地区间是这样，就是同一地区内部的标识系统也缺乏有机联系，甚至相互矛盾，使人无所适从。

1. 事事周全

城市标识系统由于分布面广、形象生动，其本身也是城市环境不可分割的一部分，因此，城市标识系统的规划人员也必须是一个"杂家"，他必须充分了解标识系统所在地的地域文脉、风土人情、气候、地质、城市综合素质等，在规划城市标识系统时应与城市市政规划、建筑物风格、绿化、安全、造型、色彩、光线、公共环境设施、人员分布状况或游客人员多少等构成环境的多种要素一起考虑，统一规划、合理分布。根据城市与地域环境的特点，以点、线为起点，然后形成网状的配置，使标识系统的规划布局构造化。这种构造化，将城市标识系统置于包括城市、建筑物、环境设施的广义背景的大环境之中，这有利于人们对区域环境的整体识别及整体管理。

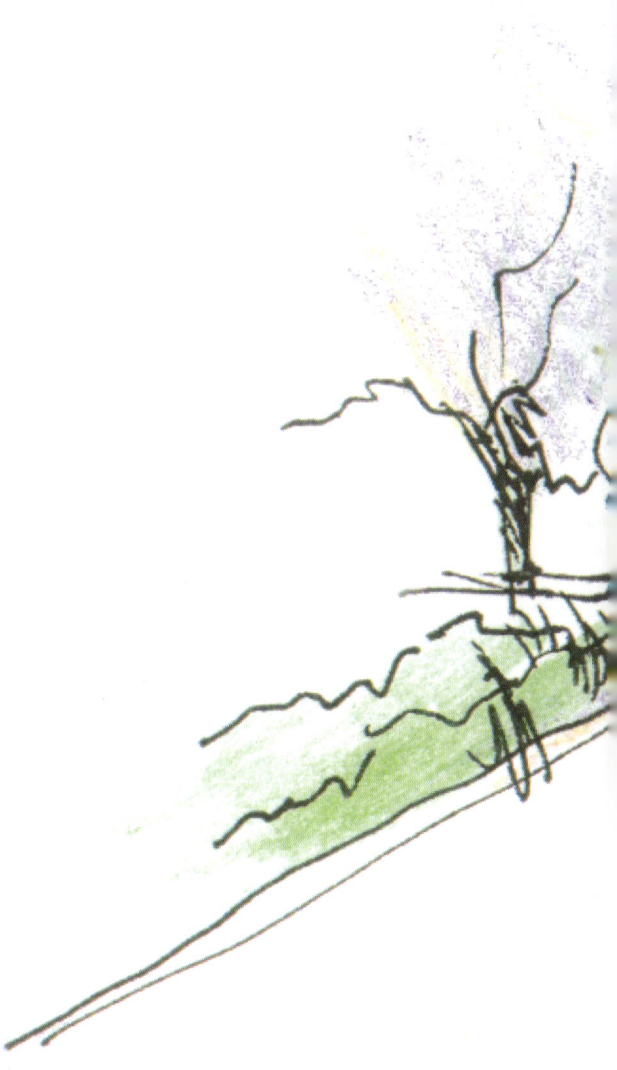

中国地大物博，各地的风土人情各具特色。在进行城市标识系统的规划时，要充分了解标识系统所在地的地域文脉、风土人情，要注意做好"传承文明，开拓创新"的工作。如果是在一个历史悠久、典故众多的城市当中，标识系统规划就要与历史文化相融合，结合当地的风土人情，让人们从一块块小小的标识上就可充分感受到城市魅力与个性，如果是在一个新兴的高度发展的城市中，标识的规划则要从时代感与科技感上让人们感受到现代城市所带来的激情与希望。

1　门牌

2　信报箱

3　形象牌

4　总平面图

1	3
2	4

　　城市标识系统不仅是城市的辅助管理手段，也是城市环境艺术的重要组成部分。在进行标识系统规划设计时，不仅要考虑到标识的安全性、功能性，也要从艺术的角度上去分析城市心理、地域文化等，从而创造出既实用又美观大方的标识系统。国外的一些优秀标识系统（如图）就给了我们很好的启示：功能齐全、指示明确的内容，美观大方的形体，艳丽鲜明的色彩搭配，掩映在红花翠绿之中，在完全、准确地传达信息之时，又给环境增添了一道亮丽的风景线。

简洁的内容,灰色的色彩,简单的材料。一切都似随心而作,但将它与周边环境放置一起,便可发现它从形式到内容上绝对没有任何遗漏,且与功能十分贴切,与环境完美和谐。看似漫不经心的作品,实则却是与环境达到了高度的统一。

1 ｜ 门牌

2 ｜ 商铺吊牌

3 ｜ 商铺吊牌

1	2
	3

1　电话厅
2　商铺吊牌
3　警示牌
4　路名牌

在进行标识系统规划时，要周密考虑到标识耐候性能，也就是标识的安全性，在此基础上，要结合当地建筑物的风格和绿化等方面进行综合考虑。作为一个优秀的标识，既不能损坏绿化，还要同建筑物的风格充分融合，它不是孤立存在的。只有这样，标识才能做到既不"抢眼"，又能"凸显"。

城市人员分布状况和游客的多少也是标识系统规划时要考虑的因素之一。哪边人口分布较为密集，哪边游客较多，那么在标识的布局上则应把那个区域作为重点，以该区域的标识为中心，以点、线为起点，形成网状的配置，向周边辐射。

标识系统规划过程中，要根据城市综合素质的不同来确定标识的内容及形式。城市中形形色色的人都有，有素质高的，也有综合素质较低的。这就要根据具体情况进行标识系统的规划设计。例如在大学城附近，由于大学生普遍素质较高，在一些绿化用草地上就可以少用或不用警示性的标识牌，在文字内容上也可用温和的劝止语来代替。而在一些公共场所，太过温和的语气可能就难以起到劝止的作用，那么就要视情况适时出现诸如"请勿践踏"等警示性的标识牌了。

2．面面俱到

对任何一种设计而言，了解其诉求对象绝对有其必要性。而对城市标识系统设计来说，标识所诉求的对象是双向的，它除了要能传达出地域或环境的理念与精神，达到标识的识别功能外，还要能符合标识服务人群的观感，更要能符合美学原理并与地域文脉相融合。因为一个标识的设计，除了要作识别之用外，还要注意到标识系统自身的美感，与周边环境的和谐，地域文化的体现以及历史的传承等。所以标识服务人群的观感绝不能忽视，但站在设计者的角度而言，它应该是三向而非双向的，而此三向是指环境、服务人群以及设计者本身。设计者除了要深入了解环境与服务人群外，更要解决整体与个体之间的差异性，然后以设计者专业的角度给予建议，予以整合。如此一来，才能称得上是一个面面俱到的标识。

↑Environment

Sign

P →

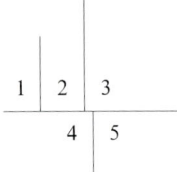

1	设施功能牌	
2	商铺吊牌	
3	设施功能牌	1 2 3
4	警示牌	4 5
5	路名牌	

在完成了标识的基本功能之后，遵循美学原理，与地域文脉相融合，与周边环境的和谐，体现地域文化及历史的传承，追求标识系统自身的美感，则是标识系统作为一门艺术所必须达到的高度。艺术的美能够吸引人们的注意，同时也是标识文化内涵的高度概括与体现，标识系统通过艺术化的表现形式，给人以强烈的视觉感染力，使人们在接受标识系统所传达服务信息的同时也得到美的享受。

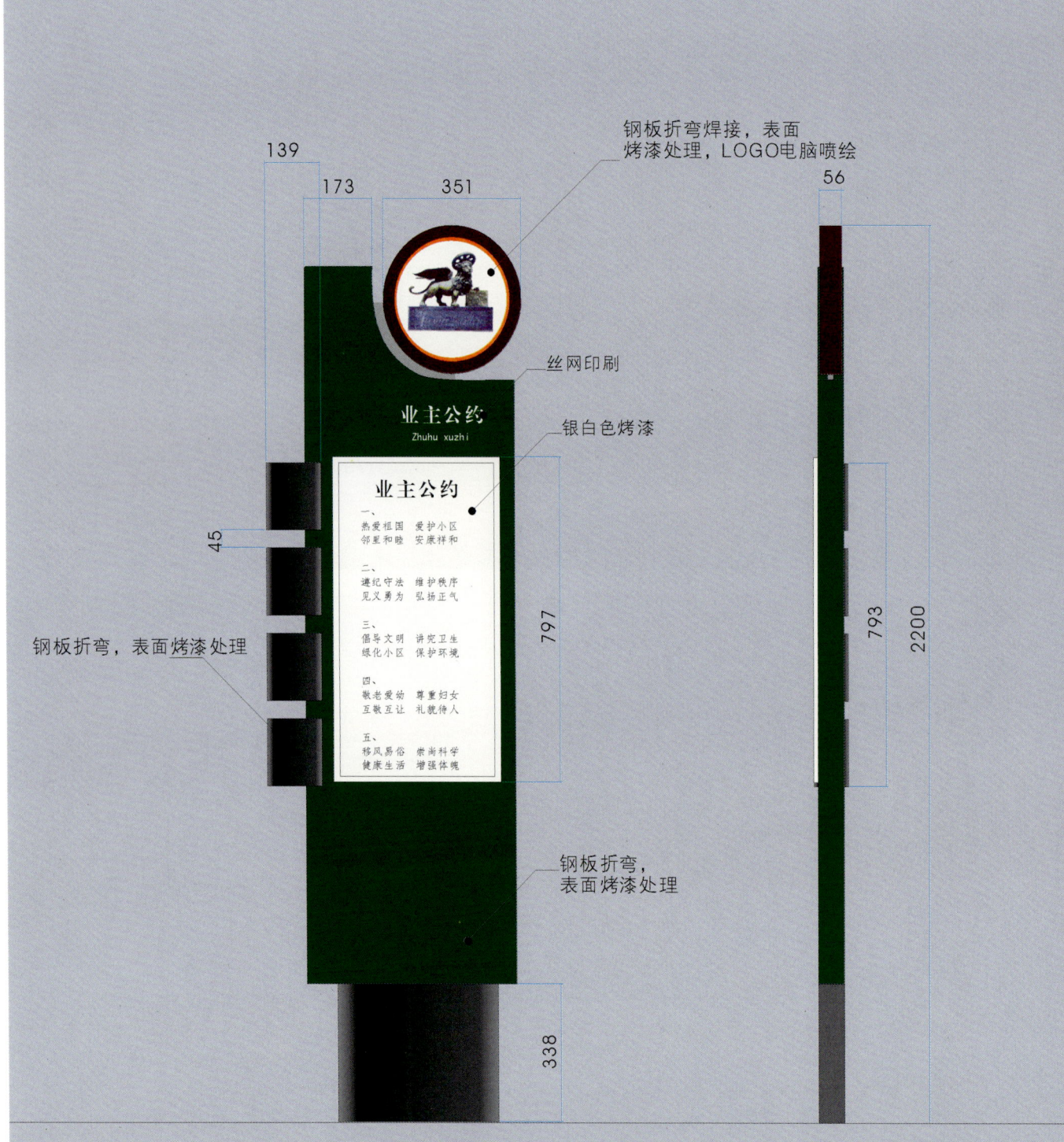

钢板折弯焊接，表面
烤漆处理，LOGO电脑喷绘

139

173

351

56

丝网印刷

银白色烤漆

业主公约
Zhuhu xuzhi

业主公约

一、
热爱祖国　爱护小区
邻里和睦　安康祥和

二、
遵纪守法　维护秩序
见义勇为　弘扬正气

三、
倡导文明　讲究卫生
绿化小区　保护环境

四、
敬老爱幼　尊重妇女
互敬互让　礼貌待人

五、
移风易俗　崇尚科学
健康生活　增强体魄

45

797

793

2200

钢板折弯，表面烤漆处理

钢板折弯，
表面烤漆处理

338

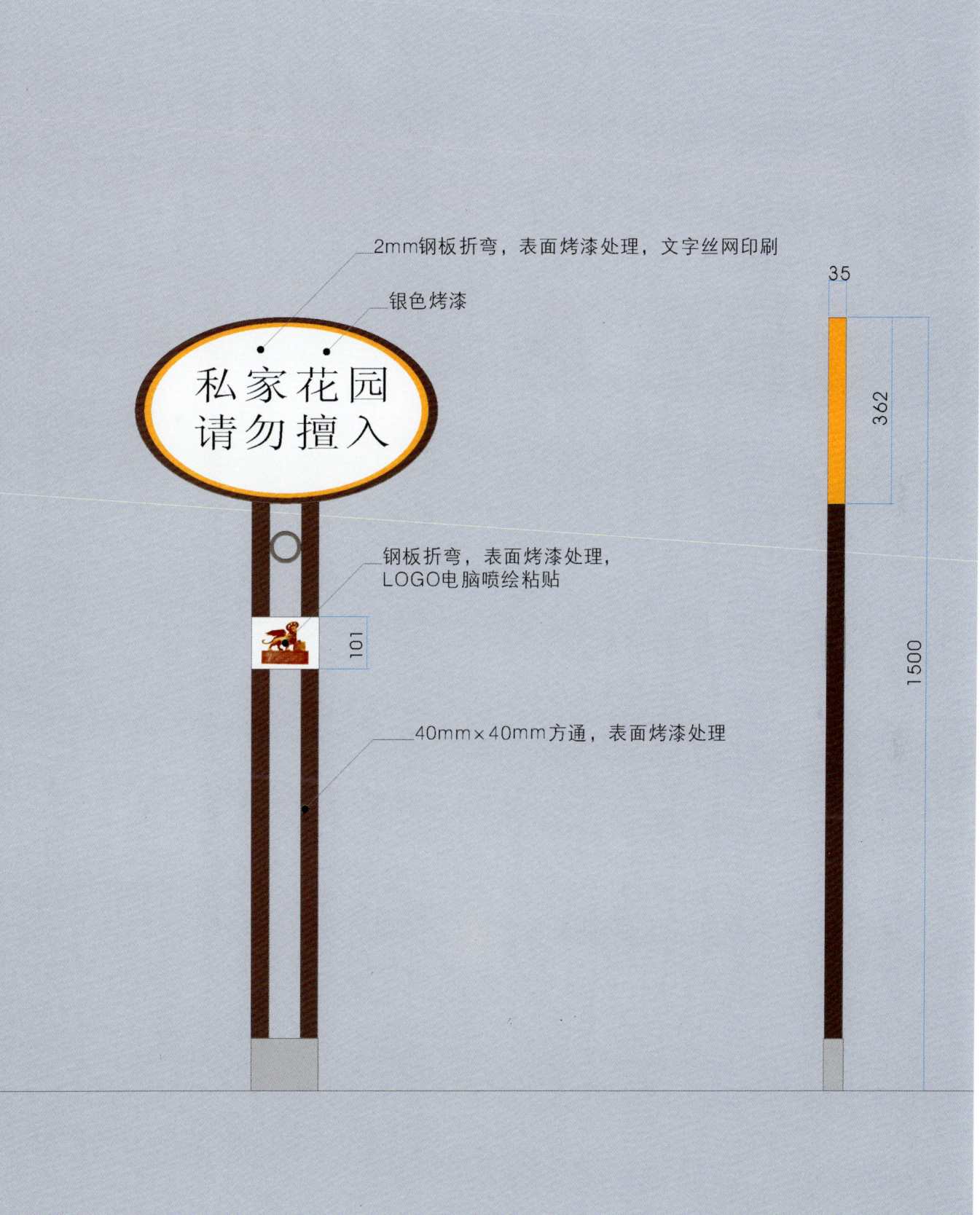

2mm钢板折弯，表面烤漆处理，文字丝网印刷

银色烤漆

私家花园
请勿擅入

35

362

钢板折弯，表面烤漆处理，
LOGO电脑喷绘粘贴

101

40mm×40mm方通，表面烤漆处理

1500

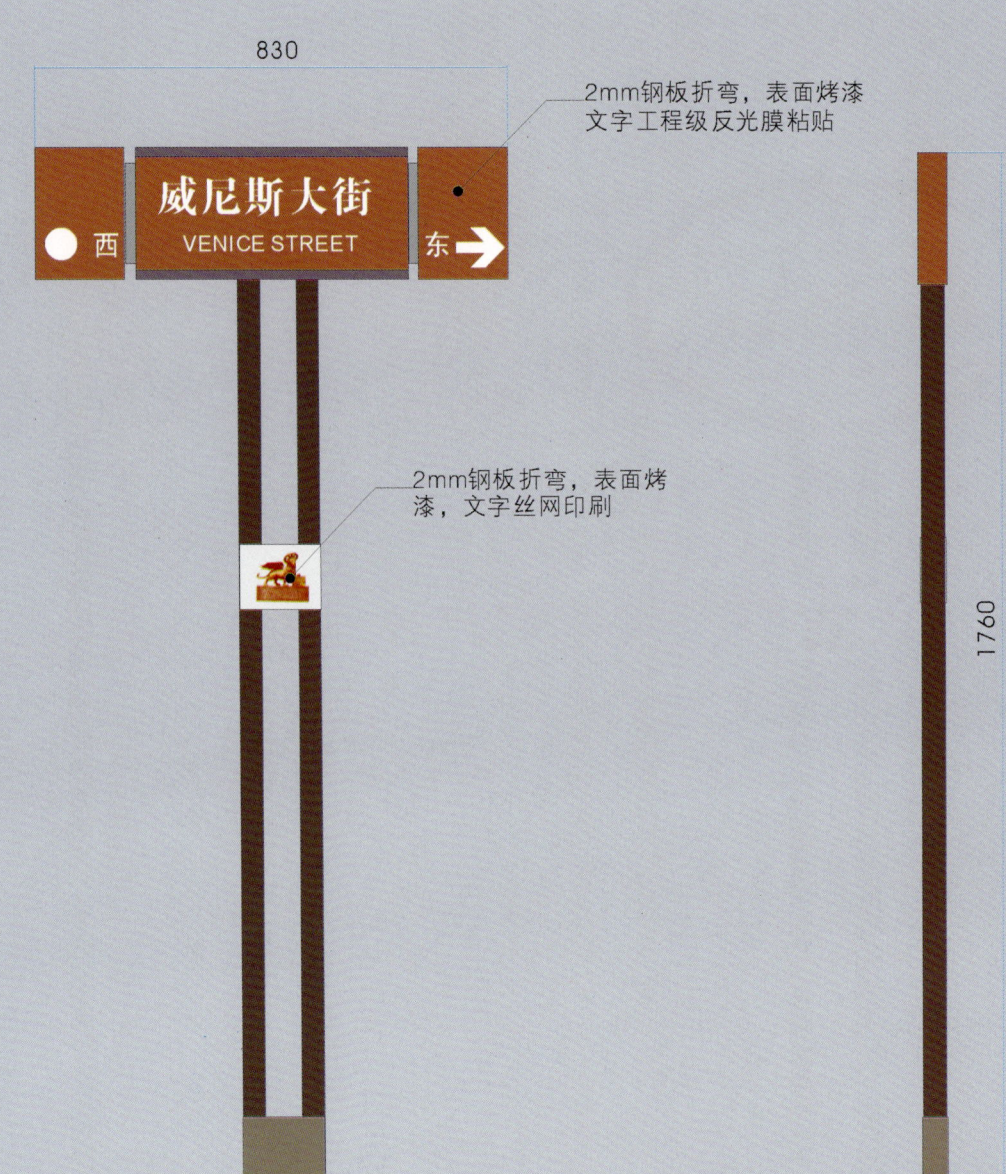

830

2mm钢板折弯，表面烤漆
文字工程级反光膜粘贴

威尼斯大街
VENICE STREET

西

东 →

1760

2mm钢板折弯，表面烤
漆，文字丝网印刷

781

钢板弯花，烤漆处理，
边宽20mm

儿童乐园
BikePark

P 停车场
Park

商 场
Emporium

钢板折弯，烤漆处理，
表面文字及箭头反光
膜粘贴

1762

在图示的标识系统规划中，暗红色的建筑色彩成为标识系统整体的色彩元素，使该标识系统与环境完美地融合。另外，其他具有强烈视觉反差的辅助色彩，无形中凸显了标识的功能性，右页下图中的标识系统，用与建筑外立面反差强烈的色彩作为标识的外框，标识内容却与建筑物外立面颜色相同，使之与建筑成为一个不可分割的整体，同时又保持了标识系统的个性。

1 2 3

面面俱到就是要求不能有任何不妥的地方，要求完美性，这首先要达到的是标识的识别功能。标识系统的识别功能是标识存在的根本，要全面地完成标识系统的识别功能，应该以"一目了然"的简洁作为标识的规划设计准则，在认真、求实、创新的基础上从调研区域环境状况、建筑物的特征入手，精心制作。

在满足了标识的基本识别功能的基础上，标识系统的本身也是城市公共环境的一部分，所以标识系统的另一重任就是要传达出地域或环境的理念。一个地域或环境的传统文化是该地方长期以来人们智慧的结晶，是当地个性的体现。作为城市公共环境的一部分，标识系统有责任将这种具有个性的文化理念传达给受众，这需要标识系统具有高度的融合性。

二、城市标识系统的设计

City Marking System
Design

设计，是城市标识系统的灵魂。城市标识系统的设计没有什么固定的、一成不变的、程式化的模式，它是在创新的基础上寻找不同的方法来实现最优化，虽然如此，城市标识系统的设计总体上要以新颖、明快、醒目、富有个性，强调地域文化以及表现出城市特征和市民意识为前提。在保证说明标识系统功能的基础上，标识系统的设计应该是地域或环境文脉的延伸，同时又是一种全新的创造，是现代生活对传统的保留和再认识。从标识内容的确定到版式的设计，从外形风格的定位到材质的选用处理等，都应该和周围特定的环境相协调。一个好的设计既衬托了环境的特色又发挥出现代人的必需，使人们在享受现代文明的条件下充分感受到古代传统文化的独特魅力。在城市标识系统中，交通标识要严格按照国家标准进行，其他的在造型上要全方位考虑城市特征，充分表现一个地区城市人民的精神面貌和地域文化的特点。城市标识系统的设计要从标识的规划入手，从形态、材质、色彩、表现手法等美学方面把握标识系统的样式及风格。在标识设计的众多要素中，我们这里要特别强调的是安全性、功能性、造型性。

← THELANDMAR

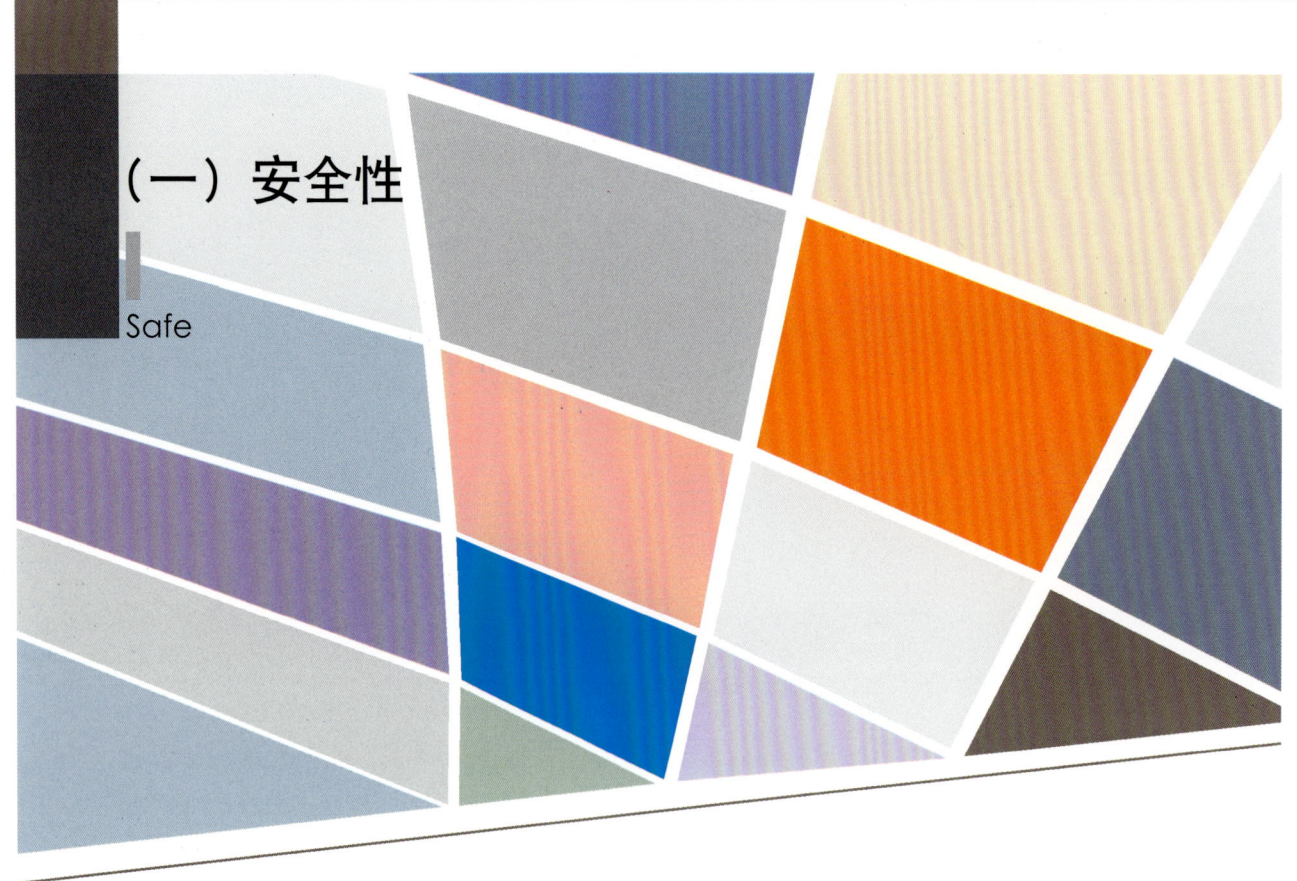

（一）安全性

Safe

城市标识系统应是实实在在可以具体操作的，能付诸实施的战略与战术，而不是空洞、抽象的哲理。之所以把安全性摆在标识系统设计要素的首要位置，是因为城市标识系统是为公共场所、公共环境服务的，它属于城市公共设施的一个重要组成部分。它的安全性关系着公共人群的安危和稳定以及城市的有序有效的管理。无论是何种样式、何种风格的标识，只有在保证了它的安全性的前提下才能发挥其他的功能。

1.结构合理

城市标识系统的形态结构有装嵌式、悬挑式、悬挂式、基座式、落地式等多种形态，在标识系统的设计初期，设计师必须了解所要设计的标识尺度、大小，将要以何种方式安装，要考虑到安装过程中材质的构造是否会与安装方式起冲突，材质的可塑性、耐久性，材料成本，不同材料的热胀冷缩以及如何解决等问题，设计时设计师必须将材料力学、人体工程学、美学进行综合考虑，融入到标识系统的设计工作中，做到结构与环境自然、和谐、统一。

在城市标识系统的设计过程中，要根据环境的需要和可能去创作适合的形态，在突出环境特色的同时也使人们获得深刻的印象，起到了突出和强调的作用，也可以起到营造特殊氛围的作用。

城市标识系统的设计要注意尺度的可识别性，也就是利用尺度使城市标识独立于背景环境之外，使人能直观地把握标识的整体面貌。在尺度的把握中，有时为了体现城市标识系统的特殊性，会有意识地将标识的尺度放大或缩小，这样能在整体环境中体现标识的独立性。

1　指示牌
2　形象牌
3　形象牌
4　警示牌

1	2	
	3	4

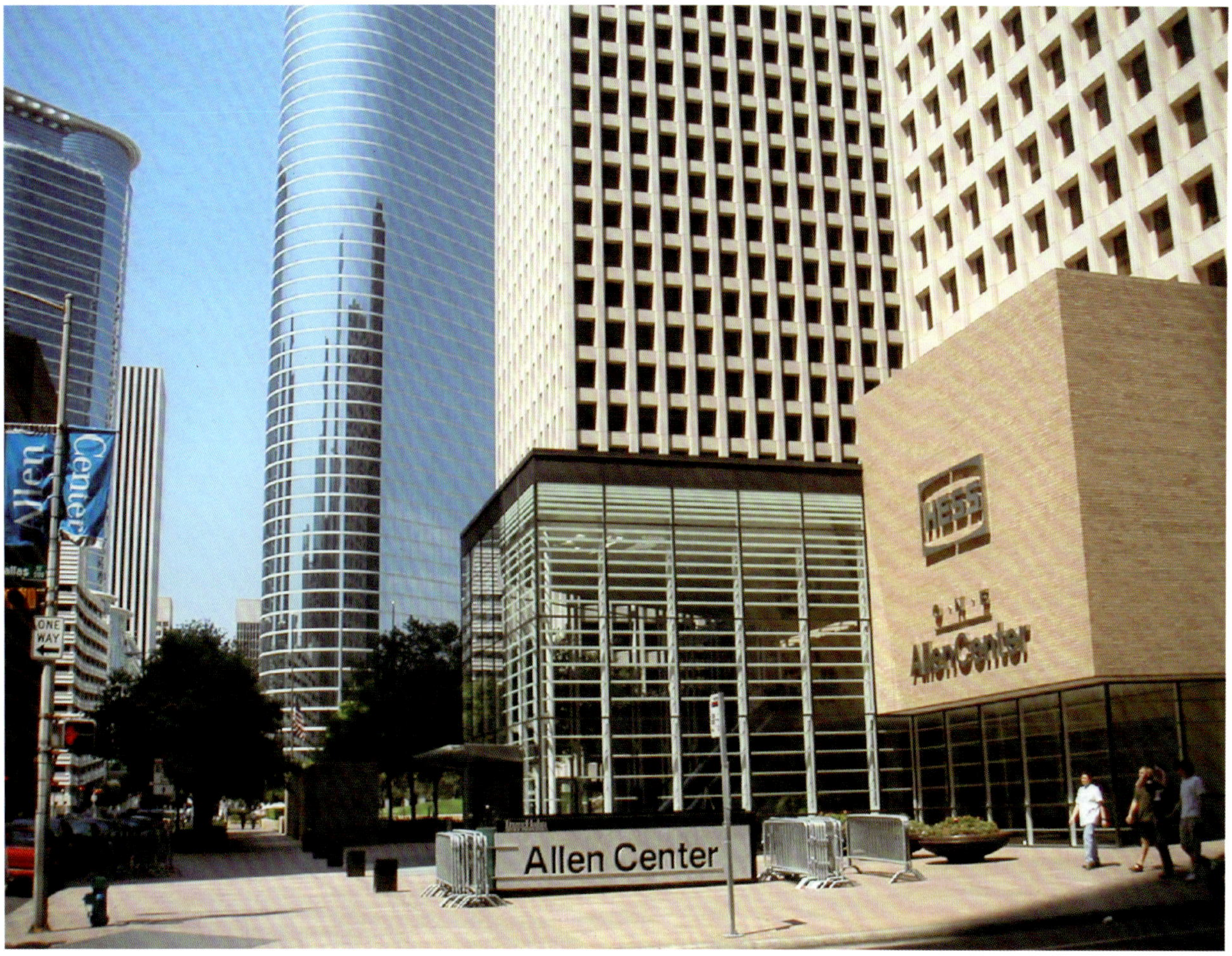
Allen
Center
ONE WAY
HESS
ONE
Allen Center
Allen Center

HORIZON 2000

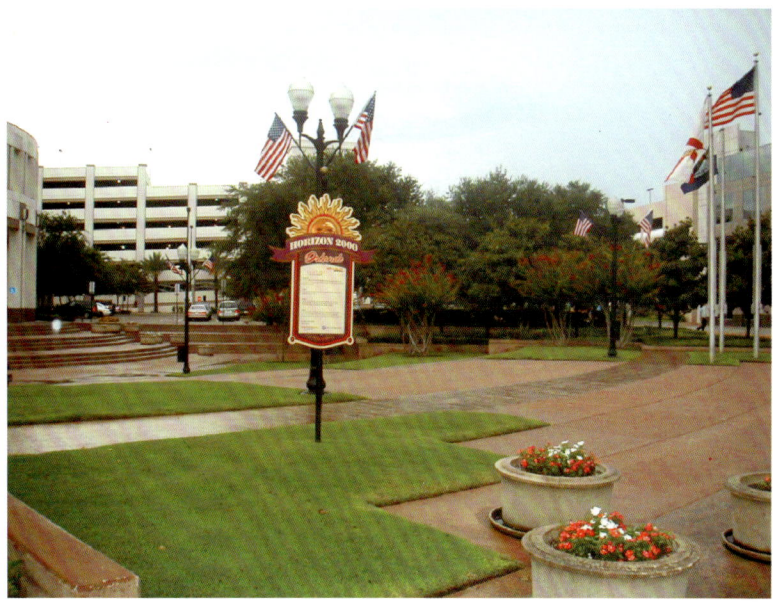

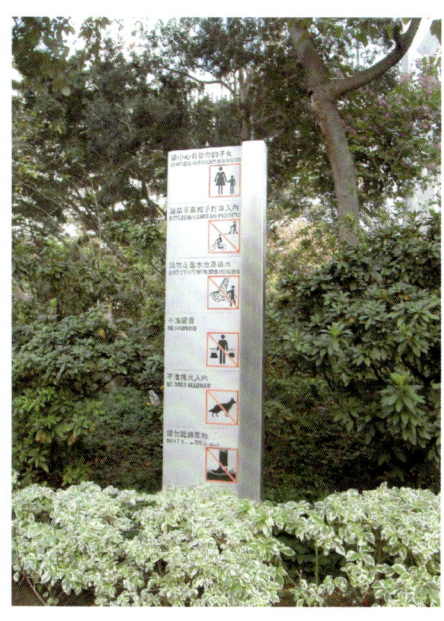

在城市标识系统的设计过程中，要从不同材料的物理及化学特性上去周密考虑，特别是不同材质的结构组合中，材料的热胀冷缩、耐久性以及使用寿命都直接关系到标识的安全与持久。在一些标识中，不同材料的组合会因为热胀冷缩的不同而相互脱落，有些材质在抵抗外来破坏力时显得很脆弱，而有些材料会因为自身的寿命造成整个标识"短命"。这时在选材和材料的搭配上就要全面考虑。例如在户外的标识，选用石材、木材、有机玻璃、PC、钢材等材料的较多。但是，如果大面积使用玻璃材料，就会造成"光污染"，这也是不可取的。

1　多向指示牌
2　景观小品
3　指示牌

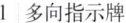

根据环境的不同，在标识结构的处理上，有时可以利用一定的方法去改变标识材料的肌理效果，达到节约成本的目的。例如在一些传统建筑群落中，原生木是与空间环境相协调的最佳选择，但在自然资源稀缺的今天，本着环保与保护自然生态环境的原则，可以尽可能地使用仿原生木来代替原生木，如此一来，既达到了效果，从成本上也降低了不少。

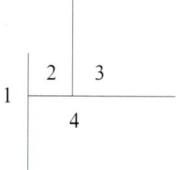

1 | 形象牌
2 | 指示牌
3 | 总平面图
4 | 景观小品

← Exit
Caution
Merging
Traffic

DIRECTORY

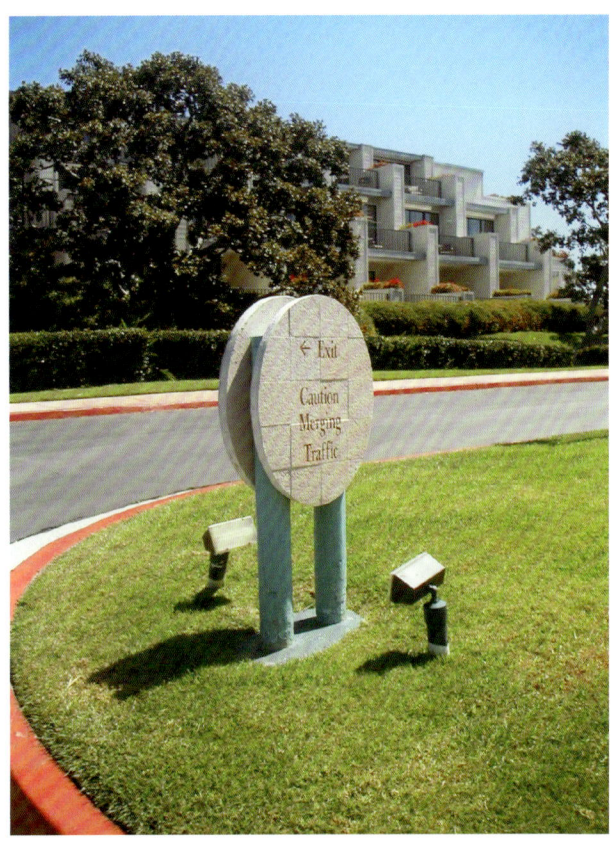

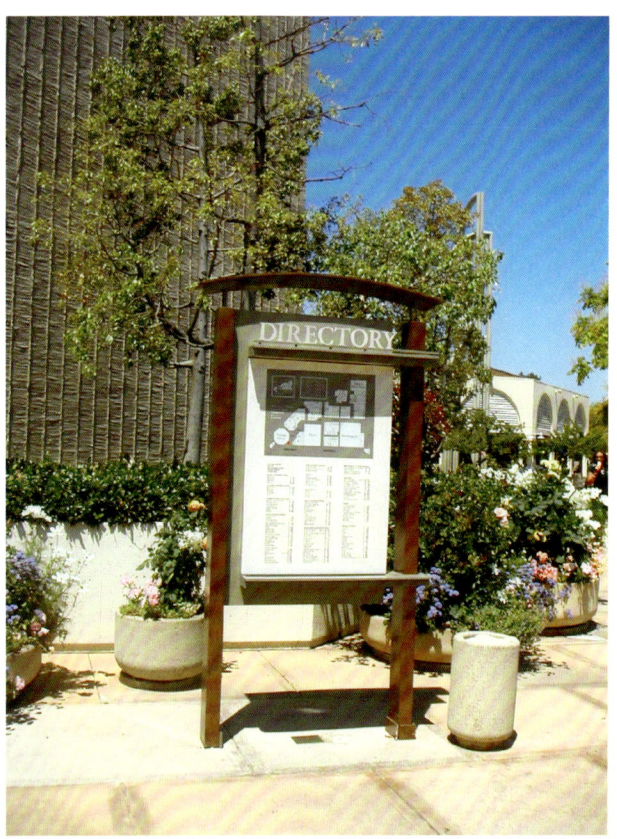

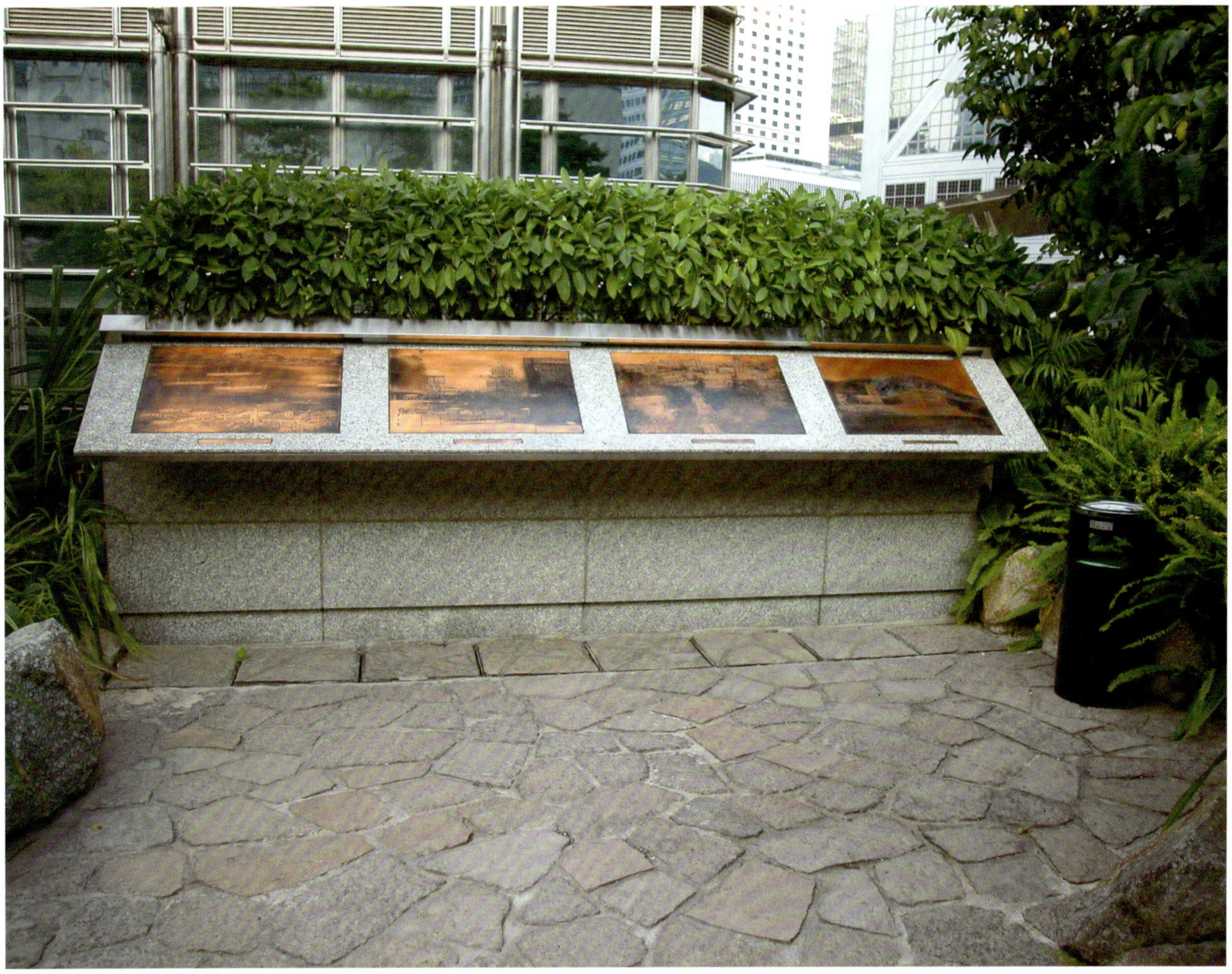

IN THE NIGHT KITCHIN

IN THE NIGHT KITCHIN

SONY • IMAX' THEATRE

Playstation

SONY · IMAX® THEATRE

SONY STYLE

SONY STYLE

Playstation

当两种或多种不同肌理的材料组合在一起时，一定要保持内部各个部分协调，切忌杂乱无章。要在对比与变化中突出主要的、能够表现标识内涵的材料，避免沉闷乏味的堆砌，最终达到整体协调的目的。

在处理城市标识系统结构时，必须清楚该标识将以何种方式安装，以确定标识的结构，避免安装过程中材质与安装方式相冲突。如果是安装在楼顶上的，一般都会采用钢架结构，以保证标识的牢固性；如果是贴在建筑物上的，则可考虑用一些相对较轻的材料，并且在设计时尽量不要过大。总之，一定要因地制宜，综合考虑才行。

同样，形式与内容上的协调统一，也是标识设计时应注意的重要因素。在内容上，要力求"一言以蔽之"，不可冗长，形式上要与标识内容协调，万不可让人感到有拼凑的意图存在，整体感是形式与内容协调统一的标准。

2

3

4

1 | 多向指示牌
2 | 洗手间牌
3 | 设施功能牌
4 | 设施功能牌

2.安全稳定

我们在平日的工作生活中，在穿梭于各城市之间的时候，有时会看到一些破烂不堪的标识，有的标识"缺胳膊缺腿儿"，有的上面指示内容只有一半在上面，有的霓虹灯只有一部分还在坚持闪耀着，另一半却已"熄火"，甚至还有的标识悬挂在人头上随着风儿摇摇欲坠，极为可怕。这一切除了与标识系统的后期维护及其他因素有关外，在规划设计过程中也应该把将会出现这些现象的因素考虑周全。

如何将安全稳定的因素融入到设计之中？兵法有云："先谋而后动者胜"。这要求我们的设计师要综合了解当地的气候、地理、材料性能、安装方式等，如在我国南方，气候湿润，在设计城市标识系统时就要考虑到标识的防水、防潮，甚至是防雷；由于北方气候干燥，冬季雨雪多，在设计用料时就必须将抗干燥、防雪的因素考虑到。在不同材料的搭配中，既要考虑到搭配的合理性，还要充分考虑到不同材料间的热胀冷缩的情况出现，离地安装的标识还要考虑到设计所用材料的重量以及建筑物的承载力。

假日俱乐部

四季花城海丽达幼儿园

紫薇苑 米兰苑 牡丹苑 樱花苑

1 | 2
  | ———
  | 3

———
1 | 多向指示牌
2 | 多向指示牌
3 | 总平面图

之所以把安全放在标识系统设计之首，是因为安全是标识的重中之重，离开安全，一切都免谈。众所周知，设计是跟美学离不开的，但世界上任何美的东西一旦与安全脱离，人们是无法欣赏这种美的，这样的美也是毫无意义的。就比如一座大桥不论造得如何雄伟壮观，一幢大厦造得如何美轮美奂，但如果某天摇摇欲坠，让人感到随时有坍塌的危险，我想是没人会说这样的建筑物是美的。标识系统也是一样，给人感觉不到安全的标识或者会给人造成伤害的标识是达不到服务社会的目的的。

一些外观高大、奇异的标识，人们却丝毫不会感到它会给人们带来什么危险，合理的色彩搭配给人们一种十分安全的感觉。事实上，牢固的矗立式的安装方式，将高大的标识牌稳稳地固定在地面上，无形中，给周边的景点也带来了品牌的安全感。

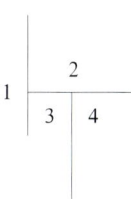

1　形象牌
2　形象牌
3　设施功能牌
4　总平面图

在设计过程中，设计师们一定要充分了解标识所处环境的地理常识及气候常识。这是因为我国幅员辽阔，各地由于地理位置的不同，气候也相差甚远。例如在我国南方，由于雨水偏多，暑天气温高，在这种气候环境下，设计标识时就应该将标识材料的防潮防高温的因素考虑进去。有些靠海边的地区，由于风大，在设计过程中还要将标识的防风性能考虑周到。

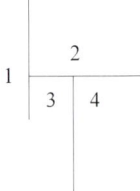

1 多向指示牌

2 多向指示牌

3 多向指示牌

4 停车场指示牌

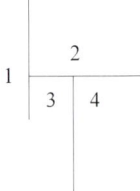

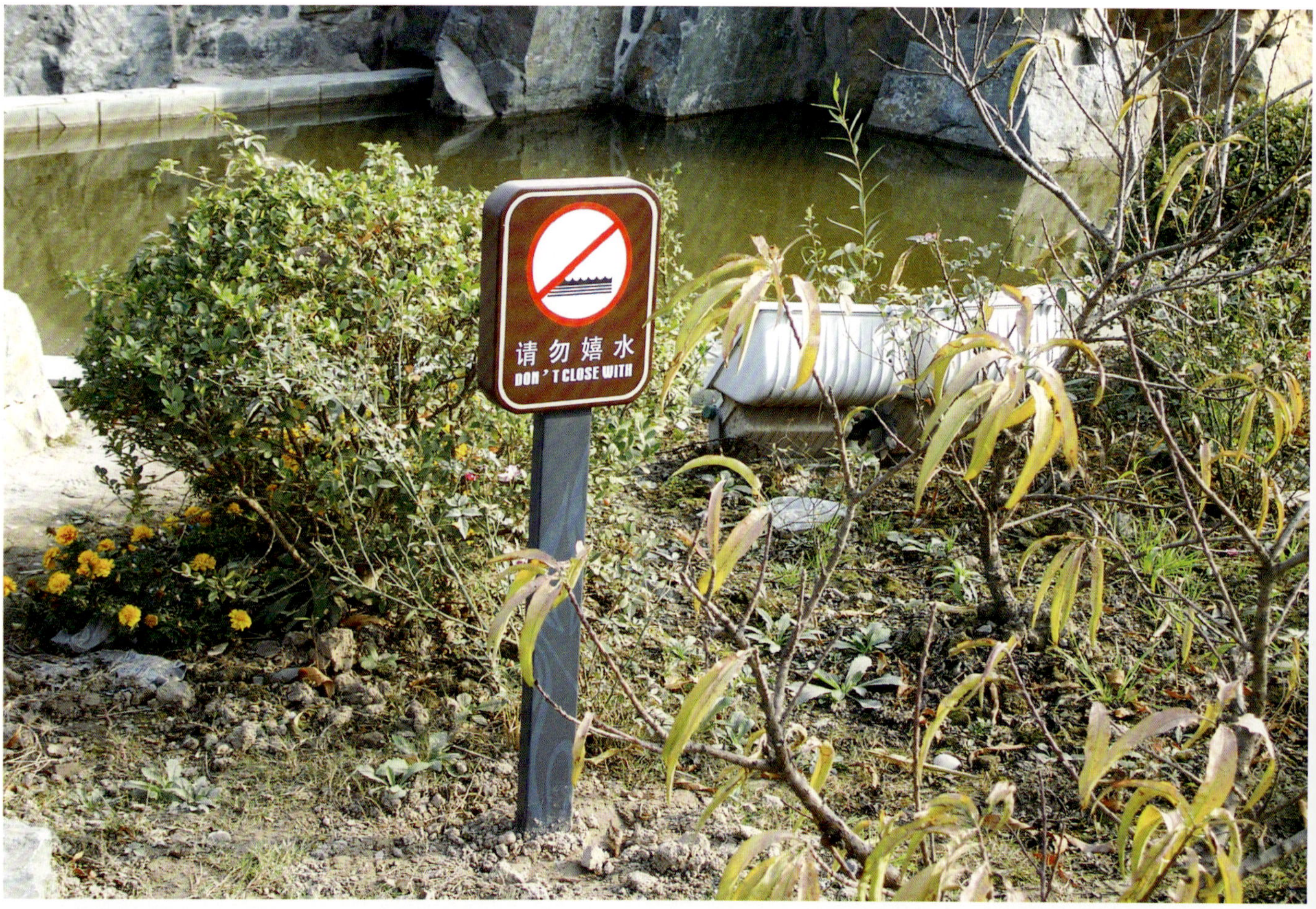
请勿嬉水
DON'T CLOSE WITH

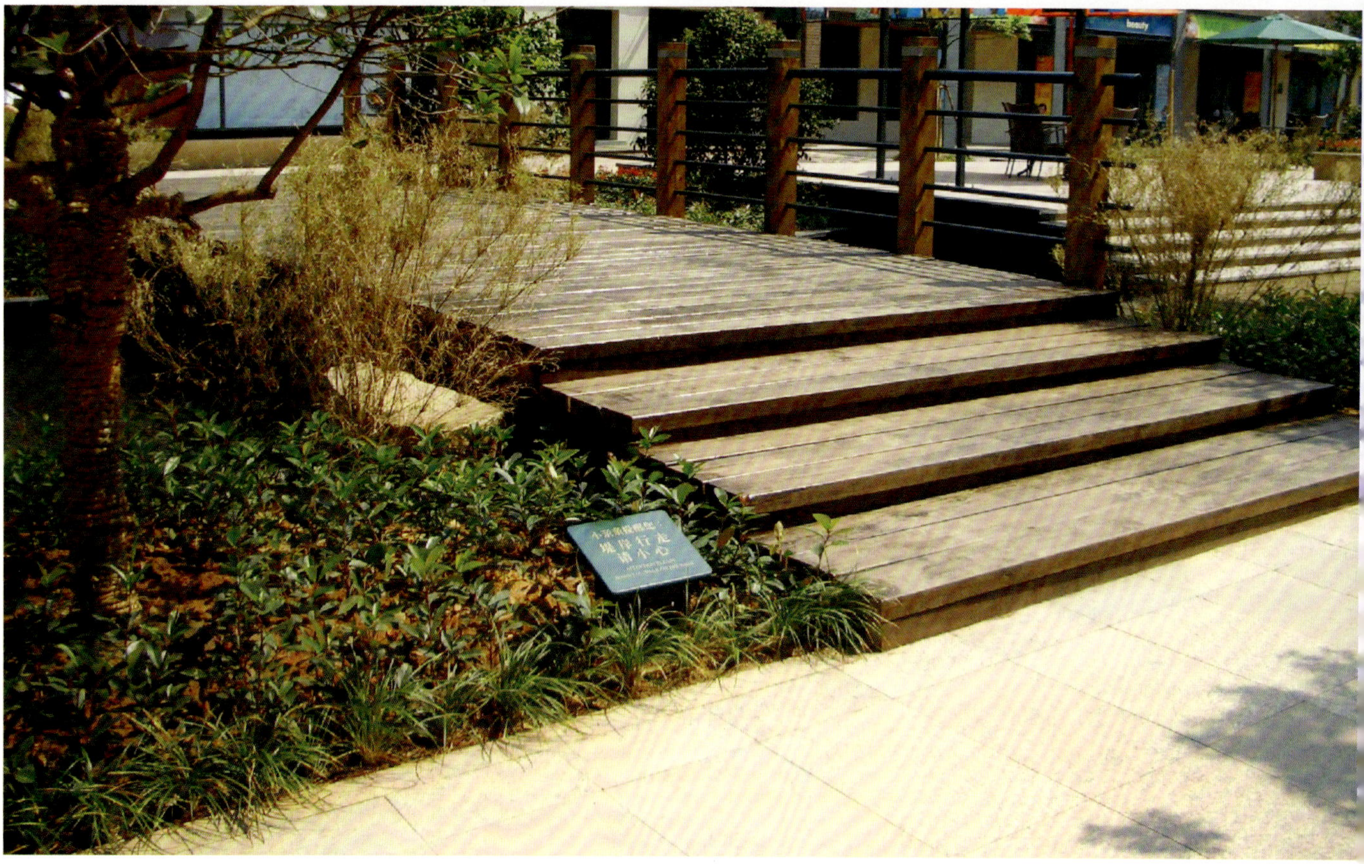
请小心

1 警示牌
2 警示牌
3 设施功能牌

1	3
2	

有些环境或地区中，由于受众群体的原因，标识可能会给受众带来一些伤害。例如，在一些儿童乐园或小学、幼儿园等环境中，好动的小孩子可能经常会跟标识来一个"亲密接触"，类似这样的标识在设计过程中就要把受众的因素考虑进去。上述这些环境中的标识，就应尽可能去掉棱角，以圆角或多边形代替。

材质的选择也直接关系着标识系统的安全稳定。例如在游泳池旁，由于地滑容易造成人们摔倒，这种环境下的标识如果使用很硬的材质就很容易伤害到人，此时就应该尽可能使用较软的材质，如木质材料等。

放置于地下过道护墙边的指示标识，由于其一定的高度，给人们传达了清晰醒目的指引讯息，放置的地点没有侵占任何公用路径，对人们的活动不会造成任何妨碍。既有效地完成了它的功能任务，又极好地保证了受众及标识系统自身的安全。

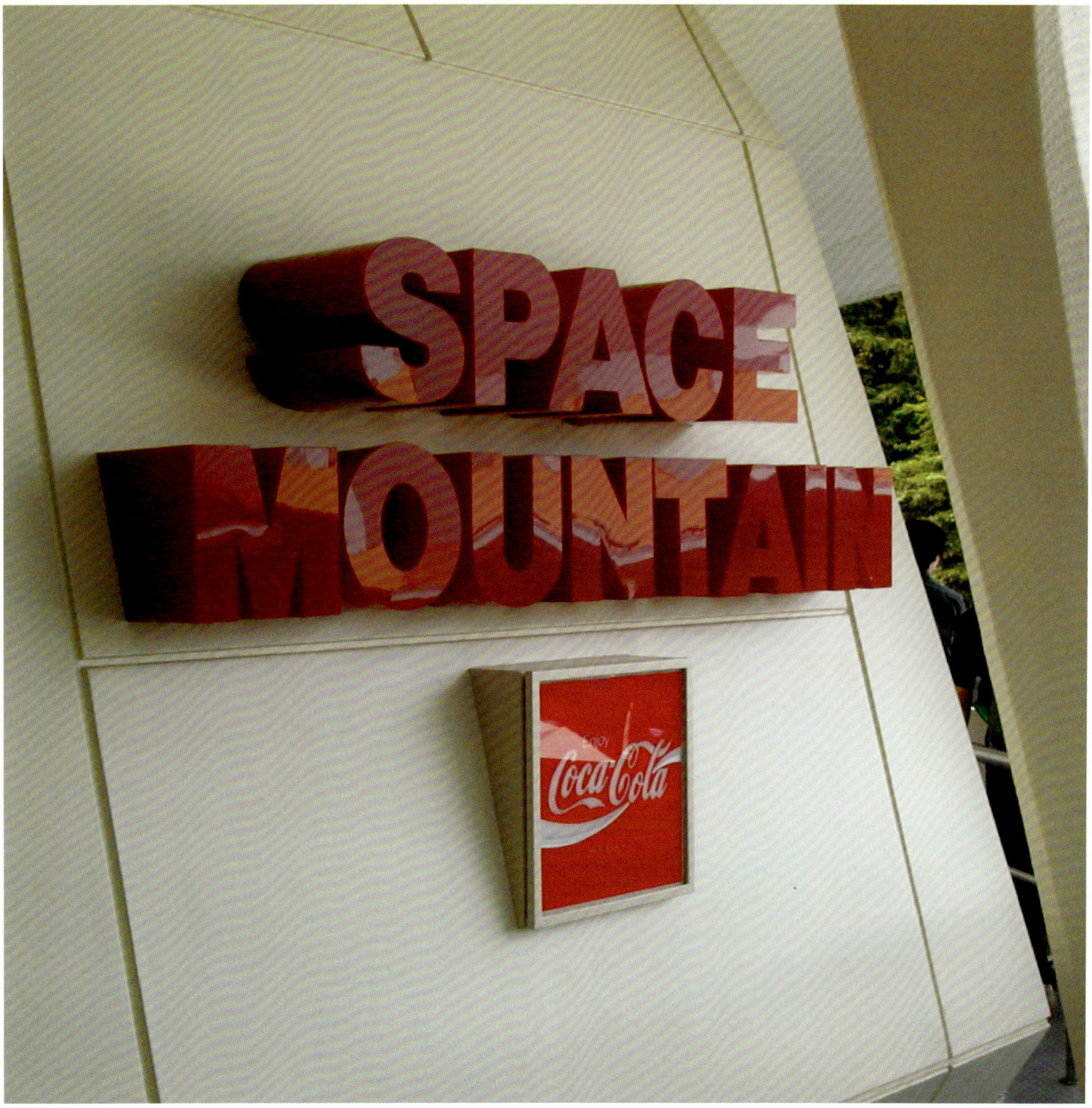
SPACE
MOUNTAIN
Coca-Cola

E区
ZONE E
自动扶梯
ESCALATOR
洗手间
TOILET
电梯
自动扶梯
ESCALATOR
C区
洗手间
TOILET
自动扶道
观光电梯

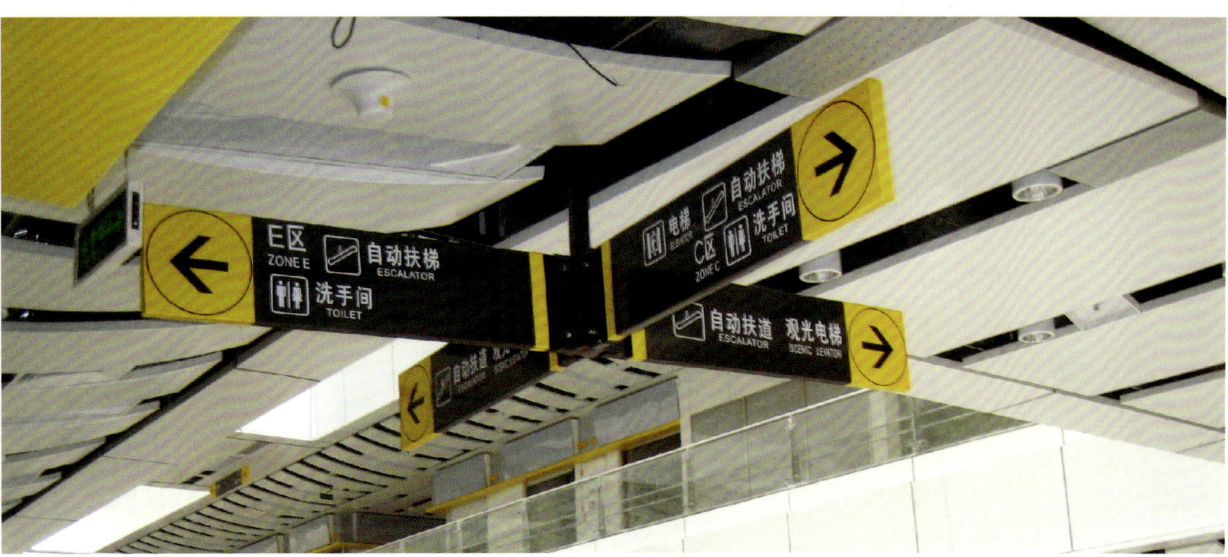

如果是一些有棱有角的标识，在设计尺寸上应该尽可能做得符合人体工程学要求。有时为了突出标识的艺术性，将标识设计成有棱角的情况在所难免。此时，为了不给人们造成伤害，则应该将标识的尺度适当抬高一些或者干脆做得低于人的一般身高。

有些悬挂在建筑物上的标识在设计时应该计算出该建筑物的承载能力，然后根据该建筑物的承载能力合理设计出标识的形状及重量。其中，要特别注意的是，不能以建筑物所能承受的重量作为标识的重量进行设计，必须有一定承重空间，也就是说假如该建筑物可以承受100kg的重量，悬挂在上面的标识绝对不能是100kg甚至是超过100kg。因为在这里我们还要考虑到很多的局外因素，例如有攀援的情况发生，建筑物本身质量不佳以及年代久远等。

1		
---	---	
2	3	

1 | 形象牌
2 | 多向指示牌
3 | 形象牌

不同材质有着不同的物理特性。这就要求标识设计师们在设计两种或多种不同材质搭配的标识时，要从物理学的角度去分析各种材质的性能，以选择最合适的搭配方式。例如两种金属材料可以用电焊的方式进行联结，而玻璃与金属之间可以选择胶粘或螺栓固定等。总之，无论何种联结方式，前提是必须经久耐用，安全牢固。

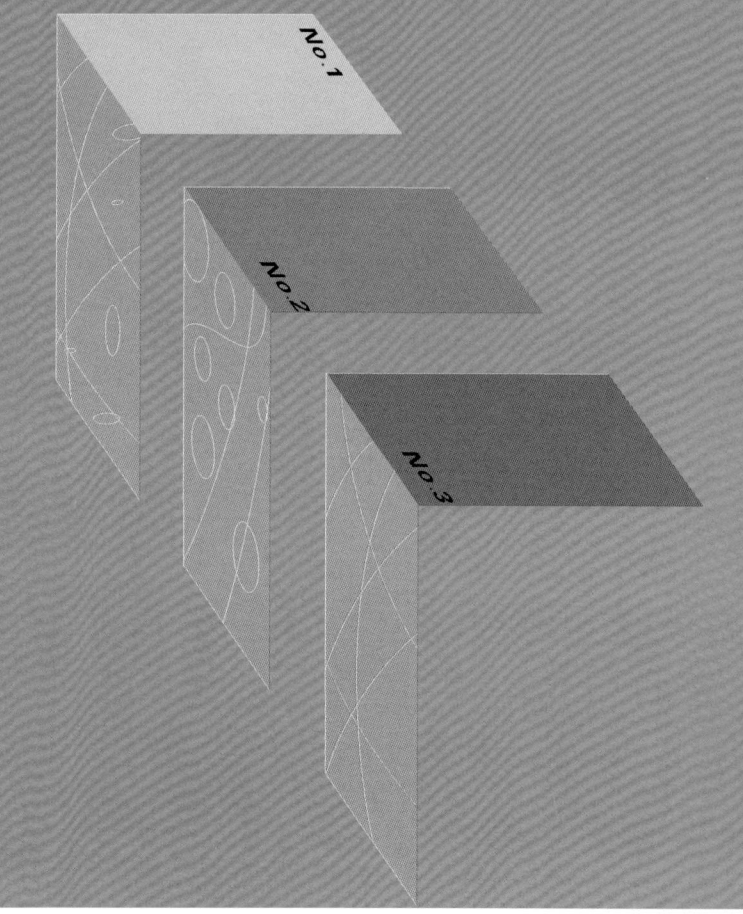

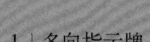

1 | 多向指示牌

2 | 多向指示牌

3 | 多向指示牌

（二）功能性

Functional

　　城市标识系统的设计不是纯粹的艺术作品，它应是艺术与实用的完美统一，而实用就体现在要服务社会，服务大众，要在最短的时间里通过最简单明了的图示传达正确的信息，从而实现标识系统的功能性。标识系统的功能性体现在颜色、外形、立面形象整合而成的创意表现，通过标识设计者揣摩、研究市场及人群的心理后，融入设计中的项目独特品牌气质及人文性格主张，使标识具有可视、可融、可感知的特性，充分体现"为人而设计"的宗旨。

1 ｜ 多向指示牌

2 ｜ 形象牌

3 ｜ 多向指示牌

4 ｜ 多向指示牌

1	2
	3	4

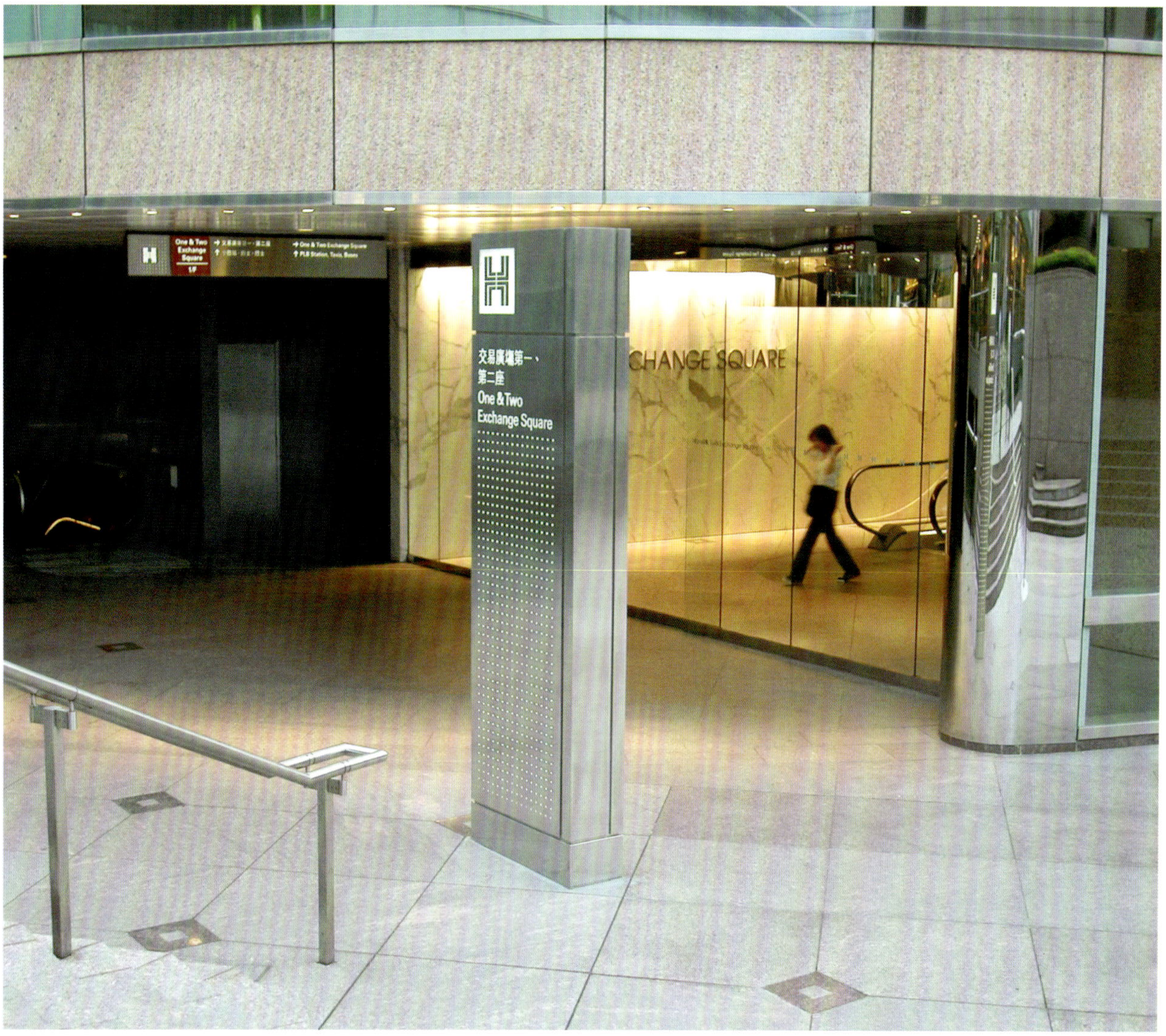
交易廣場第一、第二座
One & Two
Exchange Square

1/F Footbridge
Connaught Place • Star Ferry
Connaught Road Central

售票處
Ticket Office
站務處
Station Control Office
九廣鐵路紅磡大樓
KCRC Hung Hom Building
抵港直通車
Through Train Arrivals

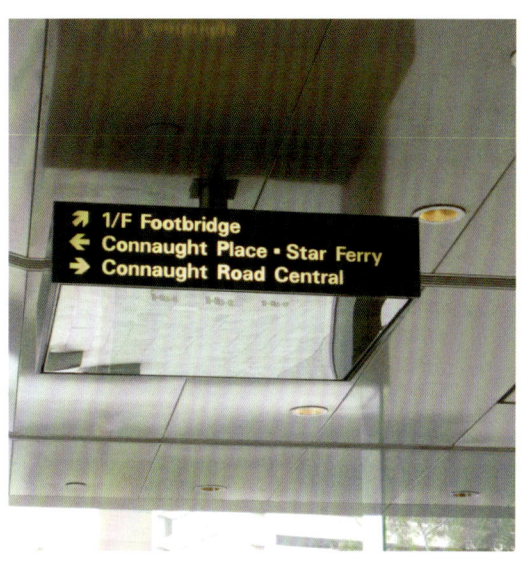

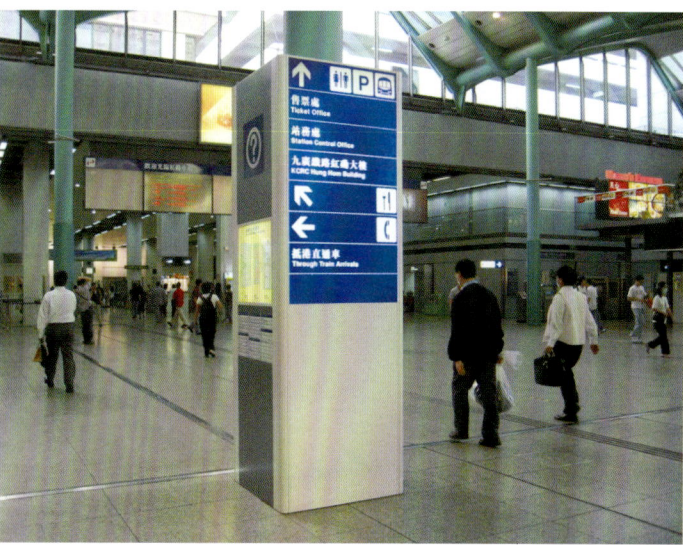

1.指示到位

无论是引导标识、位置标识、导游标识，还是警示标识、地图标识，只要是城市标识系统，就必须具有传达有助于理解环境和行动的信息，那么在设计时就一定要保证传达准确到位，绝对不能出现含糊不清或模棱两可的文字图形，更不允许有错误的地方出现。比如一个道路指引标识，必须要标明阅读者当前所处的具体位置和方向；以及保证指示的清晰准确。指示到位的另一个含义就是标识必须要处在相关指示内容的适当的距离、高度、尺度上。在有些城市中，就由于一些交通标识指示不到位，造成一些外地司机走错路，或直到走过去了才豁然出现一个禁止通行的标识牌，真让人叫苦不迭。

城市标识系统的基本功能就是为人们传达有助于理解环境和行动的信息，标识设计则是保证标识系统基本功能的关键因素之一。要求在标识系统设计时数据要正确，比例要准确，方位要正确，措辞要确切。

1　总平面图
2　多向指示牌
3　多向指示牌

1　2
　　3

　　标识系统上的数据一定要是准确真实的，这也是保证正确传达信息的因素之一。准确真实的数据有助于人们对下一步的方向及行为进行正确判断。以高速公路上的标识为例，在高速公路上，一些限速区会提前有诸如"200、150、100、50"的连续性的标识，提醒司机在这段区域内减速，保证安全行驶。

在一些环境地图的指示标识上，人们可以根据标识上所标出的比例来判断距离远近，如果标识上的比例失误，就极有可能对人们造成误导。

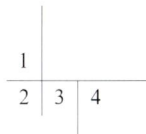

1 | 多向指示牌
2 | 总平面图
3 | 多向指示牌
4 | 多向指示牌

	1	
2	3	4

一些当地著名的景点有时也是人们方位的参照物，在环境地图的指示标识上，清晰准确地标出景点的方向，然后按比例在地图上标出，这样两者结合起来，就能够让初次到来的人们知道自己当前的位置和要去的方向。

设计时方位的正确是标识系统中极为重要的一环。一个错误的方向标识，很有可能造成"南辕北辙"。此类事情在一些岔路口也是屡见不鲜的。为了杜绝此类事件的发生，在设计时一定要将表示方向箭头的角度与道路的角度保持高度一致，并且必须标明目前受众所在的准确的位置。

1 ｜ 多向指示牌

2 ｜ 多向指示牌

3 ｜ 多向指示牌

4 ｜ 多向指示牌

5 ｜ 多向指示牌

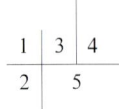

SIGN Sign

SIGN
→

标识设计中语言或图形的设计是标识的主体设计之一。标识的语言文字或图形要清晰准确，言简意赅，尽可能使用通俗易懂、雅俗共赏或约定俗成的形式，绝对不能出现错误的或含糊不清的内容，一些生僻的文字也不应出现在标识语言中。

1　多向指示牌
2　多向指示牌
3　多向指示牌

| 1 | 2 |
| | 3 |

The Landmark
2/F
中建大厦
中滙大厦
娛樂行
蘭桂坊
Central Building
Central Tower
Entertainment Building
Lan Kwai Fong

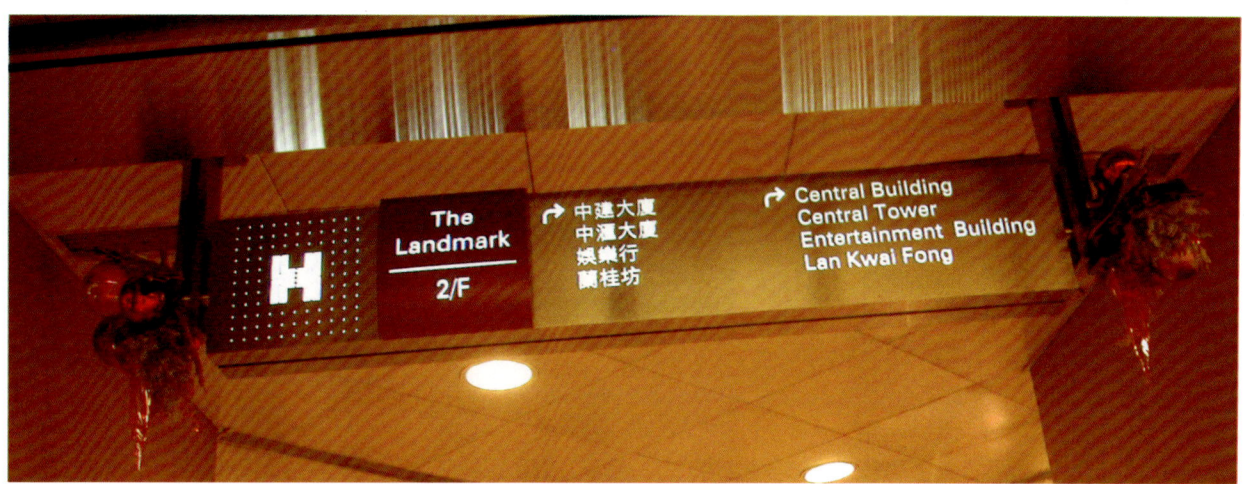

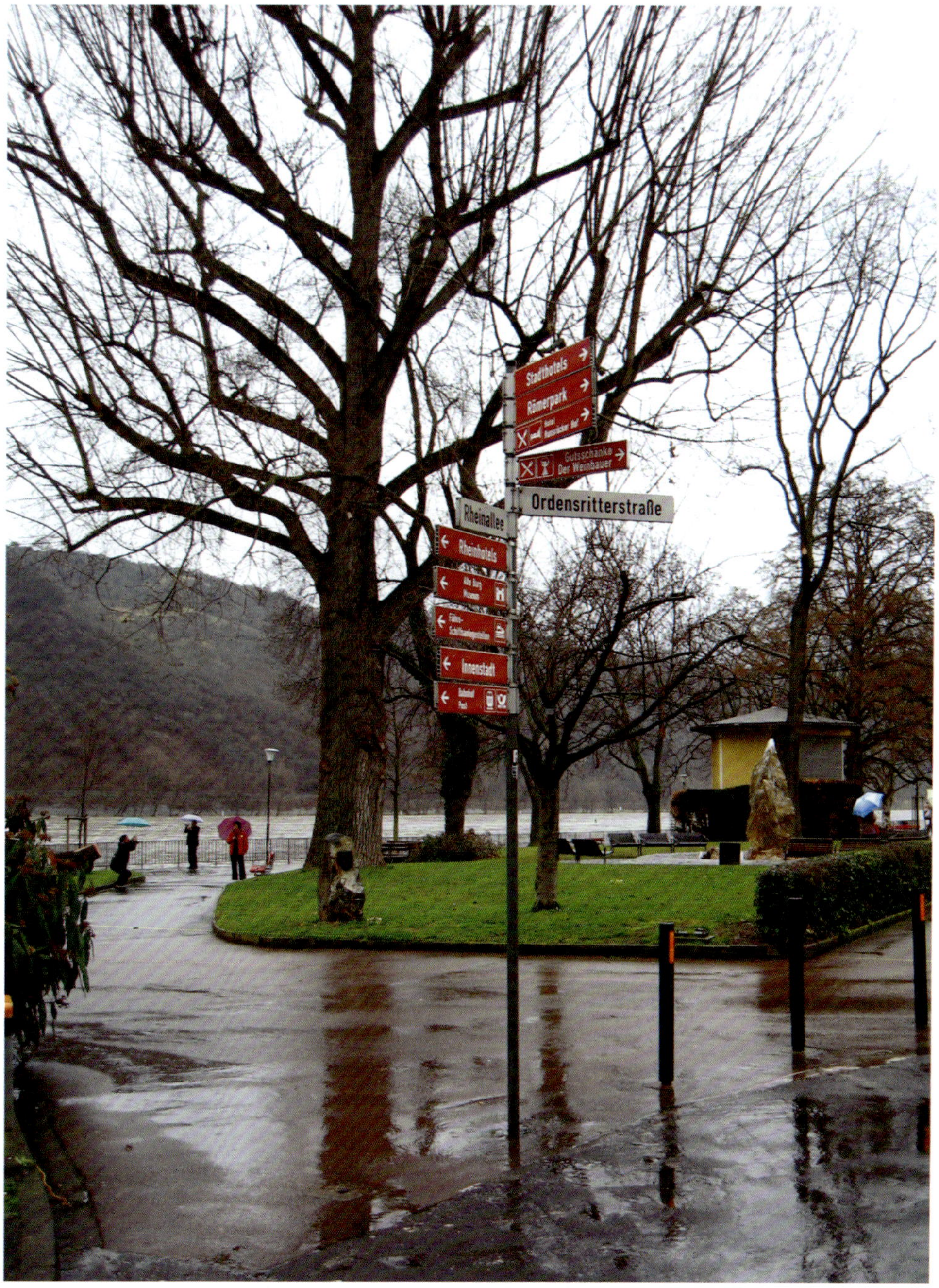
Stadthotels
Römerpark
Gutsschänke Der Weinbauer
Ordensritterstraße
Rheinallee
Rheinhotels
Innenstadt

2.功能明确

标识无论要说明什么、指示什么，无论是寓意还是象征，其含义必须准确。首先要易懂，符合人们认识心理和认识能力。其次要准确，避免意料之外的多解或误解，尤应注意禁忌。应让人在极短时间内一目了然，准确无误领会。

一套优秀的标识系统最基本应该达到"索引、导向"这一功能性原则，否则即使再好的造型设计和材料施工也不能算是成功的标识。任何一个标识，都有它具体传达的信息和目的，但是随着标识的类别不同，它们所传达的信息也是不相同的，如导游类标识是为使用者选择行动路线提供必要信息的标识，这类标识上记载的信息需要有丰富的内容以满足使用者多样化的需求，一般采用示意图的形式；而引导类标识是通过箭头等指示通往特定场所及设施的路线标识，这类标识除文字外，一般还可考虑采用象征图及彩色系列标识等，要采用认知性高的直截了当的表现手法。在设计过程中，要根据标识功能的不同而采用不同的形式，无论何种形式，最终目的就是让使用者一目了然，认知性好。

|1|3|
|2|4|5|

1 | 总平面图
2 | 多向指示牌
3 | 指示牌
4 | 总平面图
5 | 指示牌

在城市标识系统的设计中，不同类别的标识要让人们在第一眼看到时就能够明白是否是自己需要的信息，要在设计上讲究明确。如何体现标识系统功能的明确呢？一般来说，在标识系统的设计中，从图形、内容、色彩、造型、材质等方面将各类标识进行分类、归纳再总结，从不同类别标识所体现出来的个性及特性上去表现，从而达到各类标识功能的明确。

从图形上看，一些具有导向性的标识仅用非常简单的图形来完成信息的传达。例如在交通标识系统的"环岛标识"中，简单的三个圆弧形箭头指向用得非常广泛，人们一看就知道将如何按照方向行走；在《西厢记》中，男女厕所上的标识分别标的是"相公"、"娘子"，在古代有些著作中还有将男女厕所的标识赋予了诗意"观瀑楼"、"听雨轩"。这是古代人们附庸风雅之作，在现代社会中当然不能再用这些标识语言了。现代的一些公共厕所的标识上，男厕所的标识只是一个戴着帽子的头像，女厕所的标识只是一个扎着辫子的头像，但人们对此心领神会，一看便知道是怎么回事。

1	交通指示牌
2	交通指示牌
3	洗手间牌
4	洗手间牌
5	商铺吊牌
6	洗手间牌
7	洗手间牌

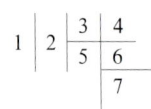

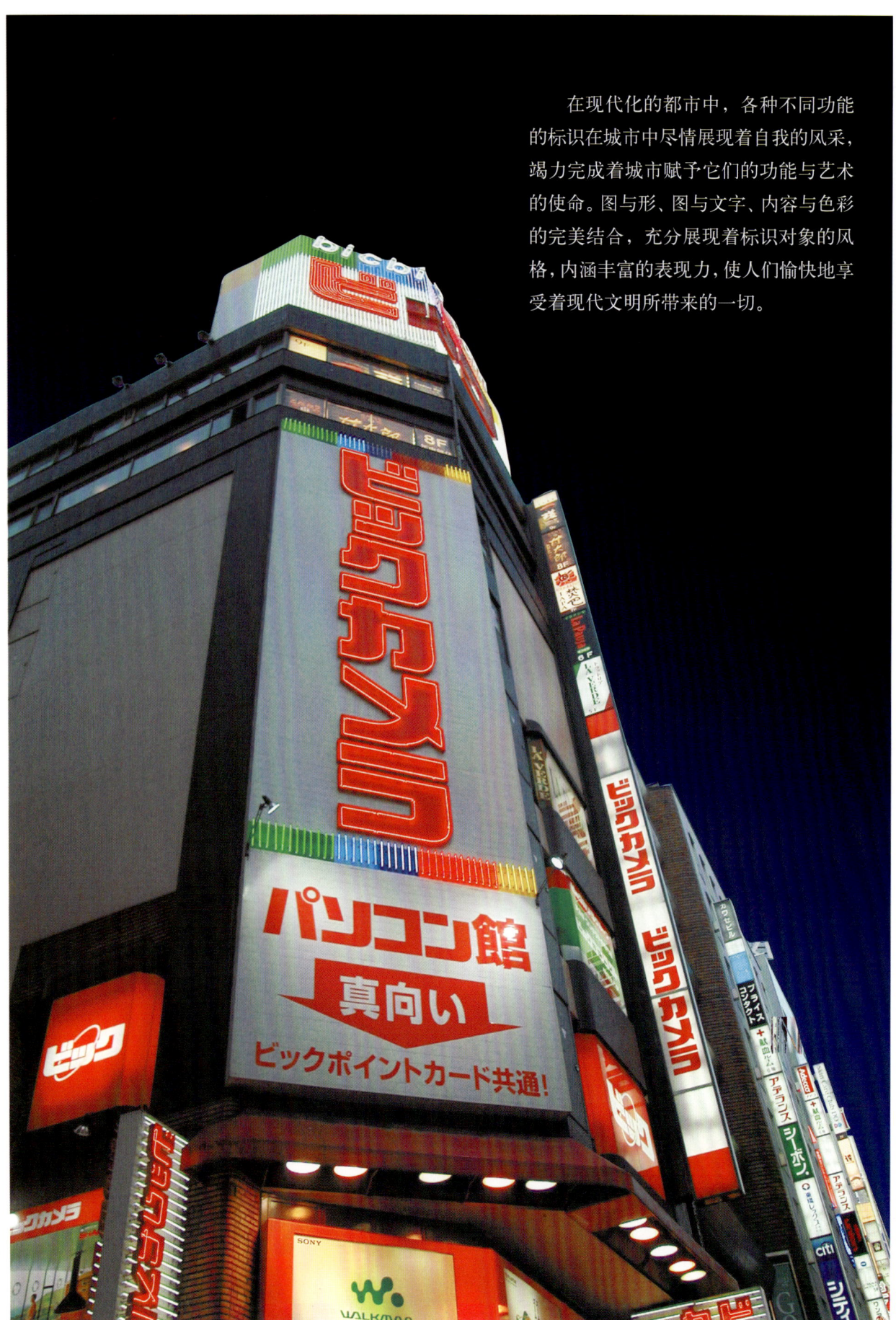

在现代化的都市中，各种不同功能的标识在城市中尽情展现着自我的风采，竭力完成着城市赋予它们的功能与艺术的使命。图与形、图与文字、内容与色彩的完美结合，充分展现着标识对象的风格，内涵丰富的表现力，使人们愉快地享受着现代文明所带来的一切。

在一些商业标识中，具有行业特性的内容或LOGO会鲜明地展现在人们面前，不用赘述，人们只要通过这些行业标识或LOGO就可以非常清晰地知道这是什么行业或是什么商业区了。一些商业标识还会在夜晚利用霓虹灯的光彩效果来增强吸引力和感染力。比如"麦当劳"、"肯德基"就是典型的例子。

1	2
3

1　商铺灯箱
2　商铺灯箱
3　商铺灯箱

导游类的标识系统则有着丰富的讯息，有的甚至还带有地图及示意图的内容。人们可以从中详细了解到有关旅游的必要信息。并且丰富的文字及颜色可以将各个景点区分开来，让游客一目了然。

1 ｜ 总平面图
2 ｜ 总平面图
3 ｜ 总平面图
4 ｜ 总平面图
5 ｜ 总平面图

1	3
2	4	5

城市标识系统设计过程中，形式与内容的高度统一是体现功能明确的要素之一。正如在商业标识的设计中，一些充满个性化的标识造型与充满商业诱惑力的色彩及内容对人们有着极强的吸引力；而在一些警示性的标识中，刺眼的颜色、精短的文字加上简洁的外形对人们有着很强的劝阻力。

1	商铺形象牌		1	3
2	商铺形象牌		2	4
3	商铺形象牌			
4	商铺形象牌			

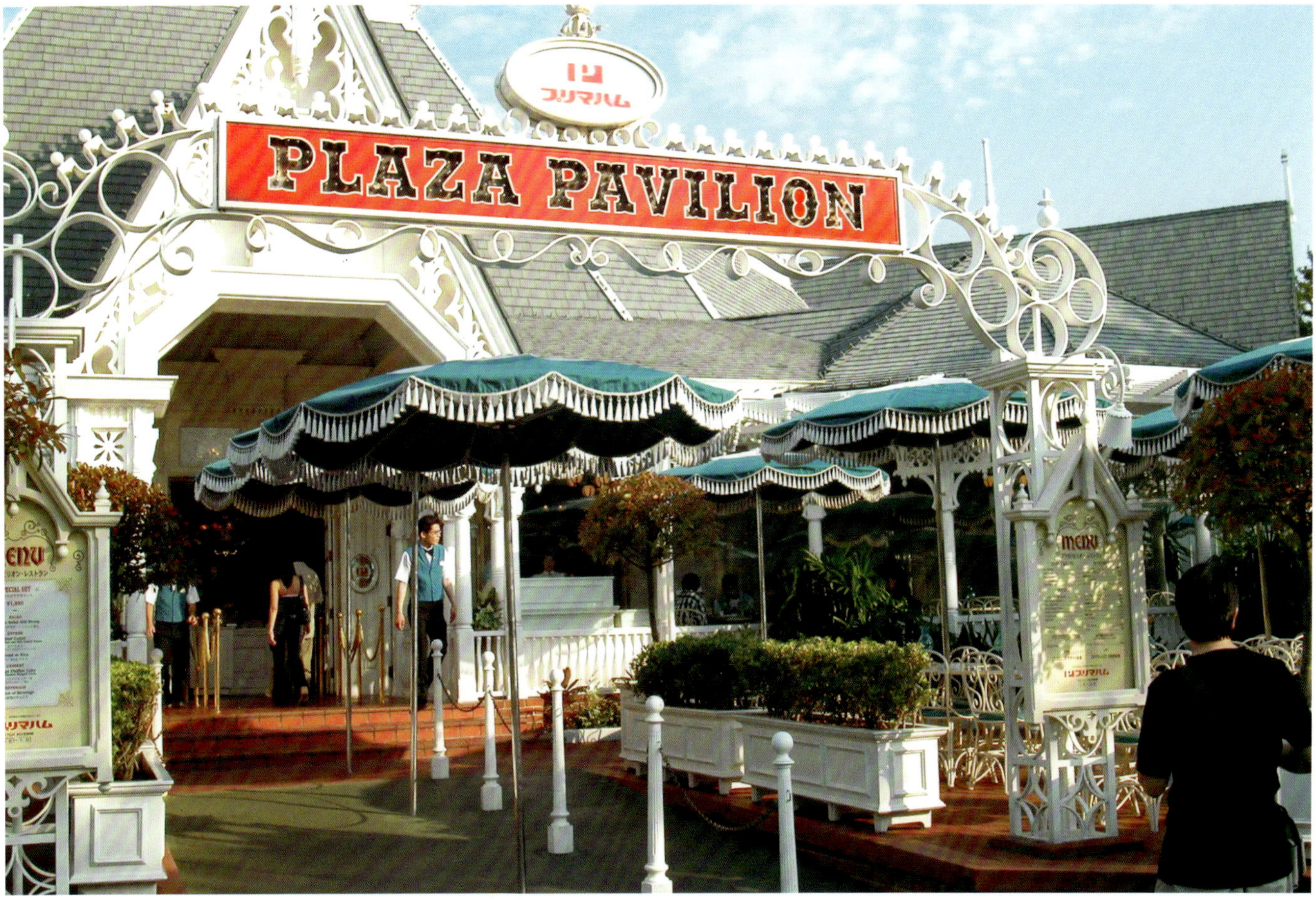
PLAZA PAVILION

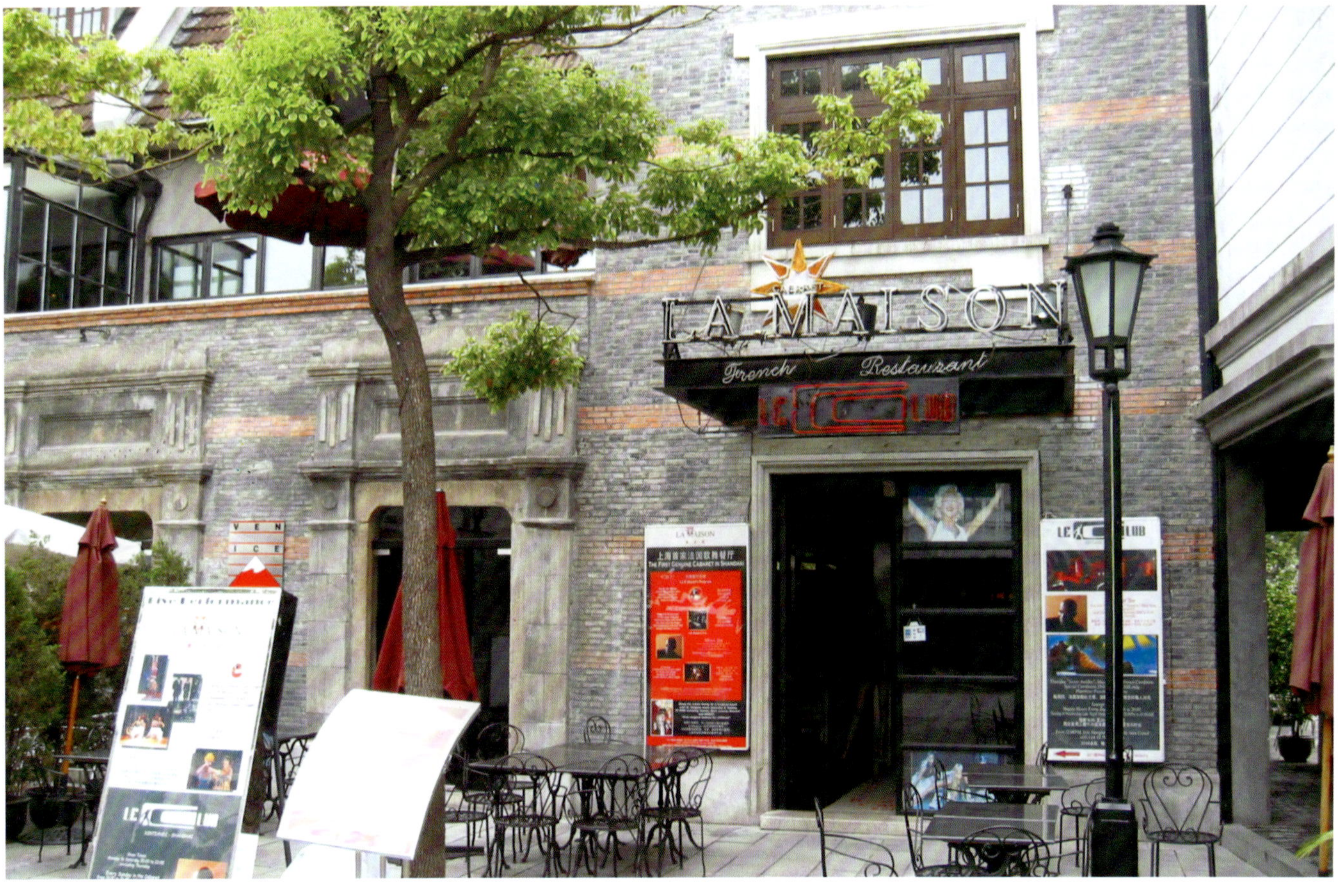
LA MAISON
French Restaurant

不同功能的标识是适合不同人群的，所以，每一类标识的设计必须考虑到受众的心理及精神认知。在一些专门为轮椅使用者提供的设施上的标识，只将轮椅使用者的特征提炼出来，无须语言描述，人们就能够准确无误地判断出它的功能性。

1 | 洗手间指示牌
2 | 设施功能牌
3 | 多向指示牌
4 | 多向指示牌
5 | 洗手间指示牌

1		3	
2	4		5

颜色也是区分各种不同标识的重要表现手法之一。在交通标识中，所用的主体颜色不外乎红、绿、黄、蓝。故此，人们在道路上只要看到这几种颜色的标识，首先就会跟交通安全、交通规则联系起来；而一些建筑物标识，在颜色上会与周边的环境相融合，人们很容易就知道这是属于一个整体区域内的标识系统。

1 | 总平面图
2 | 楼栋牌
3 | 楼栋牌
4 | 交通警示牌
5 | 交通警示牌

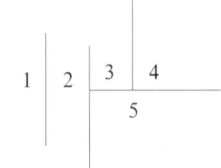

（三）造型性

Form Designing

1.线条明快

　　标识系统的造型设计必须符合凝练、单纯的原则。构图紧凑、图形简练、线条明快，是标识艺术必须遵循的造型原则。具有凝练美的标识，不仅在任何视觉传播物中（不论放得多大或缩得多小）都能显现出自身独立完整的符号美，而且还对视觉传播物产生强烈的装饰美感。凝练不是简单，凝练的结构美只有经过精湛的艺术提炼和概括才能获得。

　　标识艺术语言必须单纯再单纯，力戒冗杂。一切可有可无、可用可不用的图形、符号、文字、色彩坚决不用；一切非本质特征的细节坚决剔除；能用一种艺术手段表现的就不用两种；能用一点一线一色表现的决不多加一点一线一色。高度单纯而又具有高度的美感，正是标识设计造型艺术的精神之所在。

自行车、助动车、摩托车停放点
Standage of bicycle, motor vehicle and motorcycle

城市标识系统中实用性是首要的，要保证标识系统的实用性，在设计中就必须摒弃一些多余的元素，一切以能够明白说明问题，能够反映出讯息的主要特征为主，而不要有太多的粉饰，否则就会舍本逐末，无法给人们提供准确的信息，自然也就失去了标识存在的意义。

从造型上看，标识系统根据环境或区域的不同，总是以最为简洁的造型来表现事物的整体特征。标识设计不等同于一般的平面设计，标识设计在体现艺术美的同时，最主要的是其实用性。过于复杂的造型可以成为艺术品立于人们面前，但对于标识而言却不可取，因为造型上的过于复杂会吸引人们更多的眼神，而会忽略标识内容，或是需要很长时间才会注意标识内容，而内容才是标识的核心。当然，有些标识可以根据环境和区域的特殊需要适当进行一些夸张设计，以引起人们的注意。

1 | 商铺形象牌
2 | 多向指示牌

1 | 2

文字上，尽可能简短，只要能够说清是标识内容就行，在标识系统的设计中，能够用一个字说明的就尽量用一个字，以约定俗成的为主，不要依着个性去随意增加。例如，在某些楼梯口旁的标识，只要写清楚"1楼"或是"X楼"来说明这是几楼，而没必要说"这是一楼"或"二楼由此上"。

1 多向指示牌
2 多向指示牌
3 多向指示牌
4 停车场指示牌

1	3
2	4

← 交易廣場
← 遮打大廈
Exchange Square
Chater House
→ 郵政總局
→ 天星碼頭
General Post Office
Star Ferry Pier
H

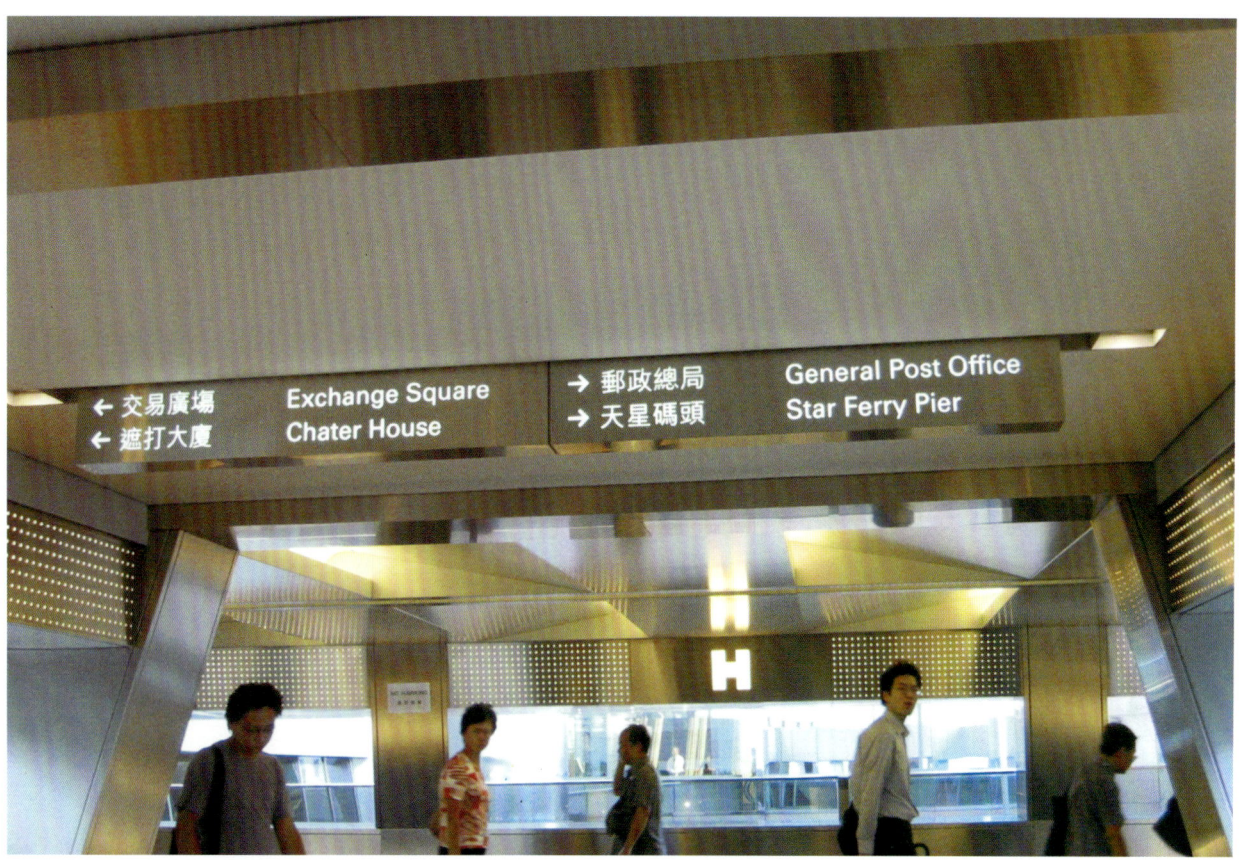

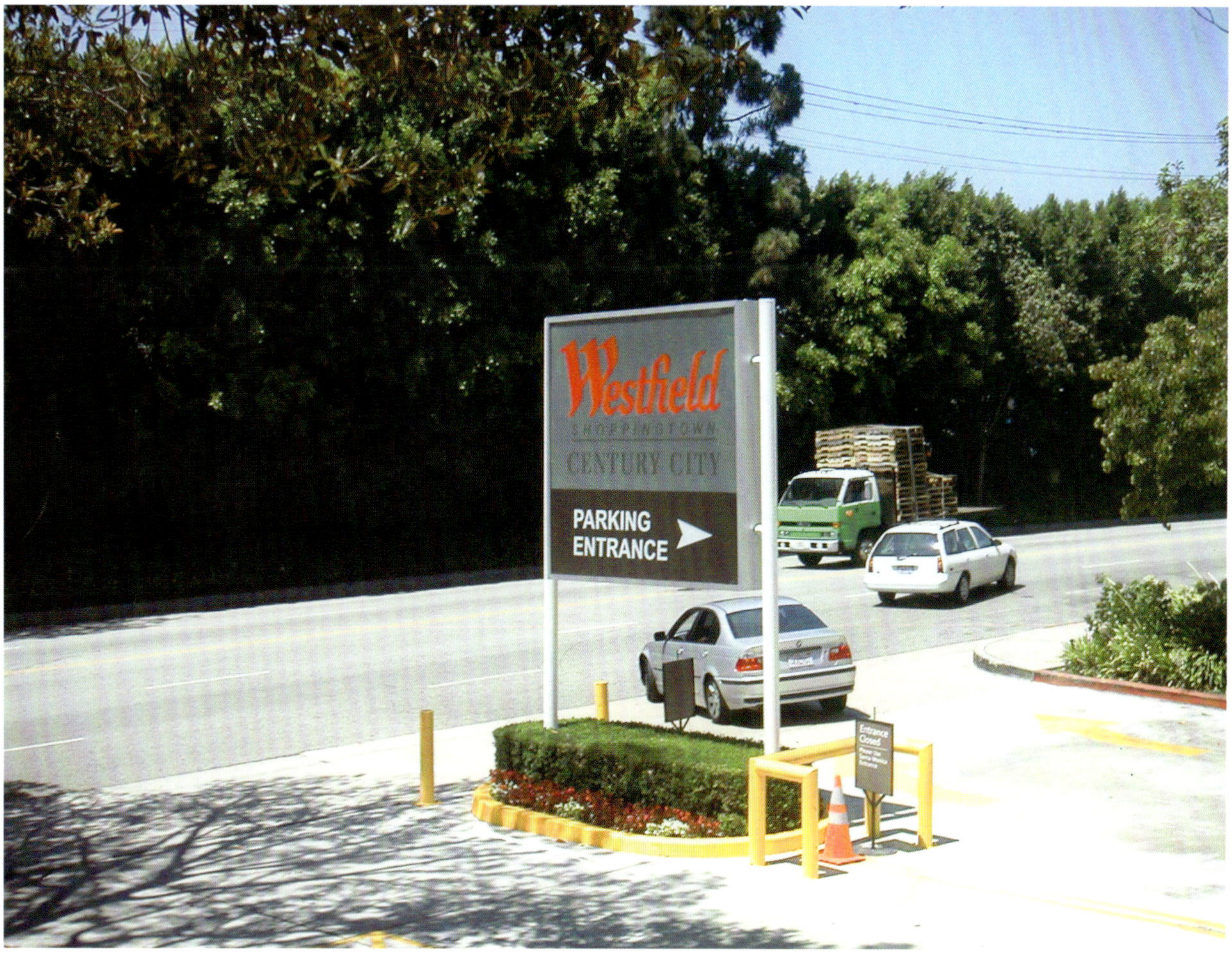
Westfield
SHOPPINGTOWN
CENTURY CITY
PARKING ENTRANCE

　　为了提高图形或符号的辨认速度和准确性，标识系统的设计要用高度概括、简练、生动的形象来表现信息的基本特征，以方便受众的辨认。简练、生动的图形或符号既能展现出标识自身独立完整的符号美，同时也对周边环境产生强烈的装饰美感。

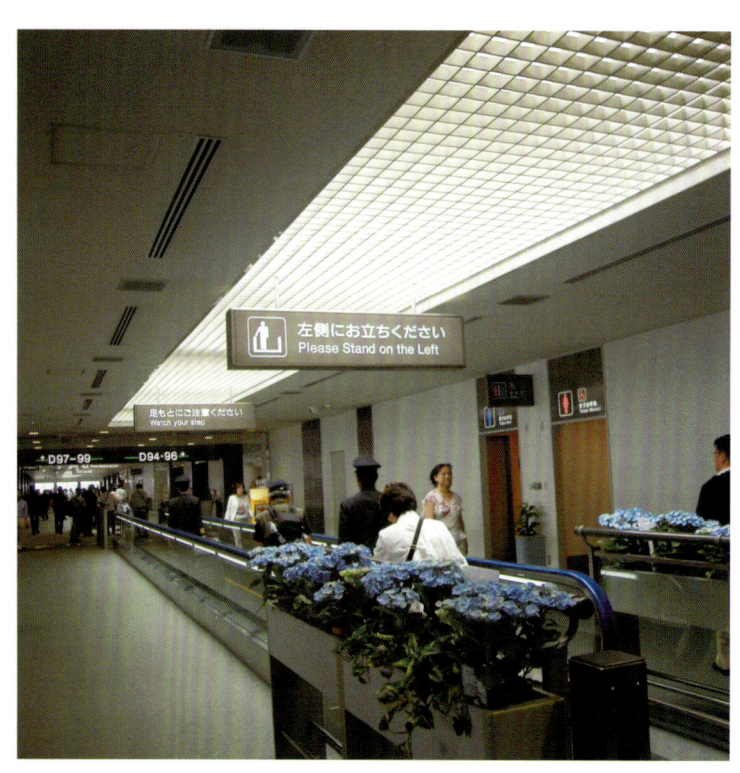

　　造型、图形、文字、符号的简洁明快，
是人们产生超强的记忆性与识别性的重
要保证。人们在行走和移动的过程中，不
可能对一些长篇大论产生记忆力，也不
可能一下子就能够对标识的内容有所识
别。在日常的生活工作中，大家都有这样
的感觉：在行走与移动的过程中，一切能
够进入眼帘的都或多或少地能够引起我
们的注意，在这摄入的众多讯息中，不可
能一下子对所有的讯息进行正确有效的
识别与记忆，为了凸显标识的服务功能，
必须以简洁明快的线条吸引住大家的眼
球，以便人们对此产生记忆与识别。

1 | 多向指示牌
2 | 指示牌
3 | 指示牌
4 | 多向指示牌

1	3
2	4

在道路上，有交通标识、警示标识、方向标识等各种类别的标识，还有众多景致点缀其中。在这众多的讯息中，如何快速看到自己想要的标识讯息，又如何能够将标识讯息快速记住？在标识系统的设计中，人们为了解决这些难题，将各种不同类别的标识进行了造型的分类，并且在内容上也分门别类，和造型相呼应。很多类别的标识在国际上已经有了一定的标准。如美国对航空港视觉体系的统一标准，整个视觉传达系统相当庞大，包括34种基本以图形方式表达的内容，具体内容包括：公用电话、邮政服务、外汇兑换、医疗救护、失物领取、行李存放、电梯、男女厕所、问询处、旅馆介绍、出租汽车、公共汽车、连接机场的地铁或者火车、飞机场、直升飞机、轮船、租车、餐馆、咖啡店、酒吧、小商店和免税店、售票处、行李处、海关、移民检查、禁烟区、吸烟区、不许停车区、不许进入区等。

Pintu Gates H2,H4,H6,H8 H10
Aerotrain ke Pintu Aerotrain to Gates C1-C37

Departures
Airport hotel
Airport information
Arrivals hall A
Car park 3,4
Left luggage
Taxi, Bus

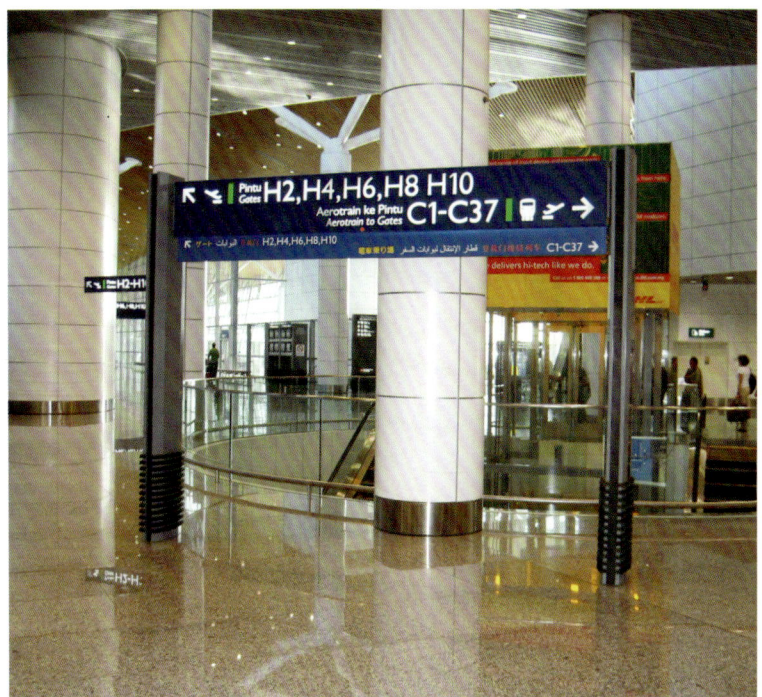

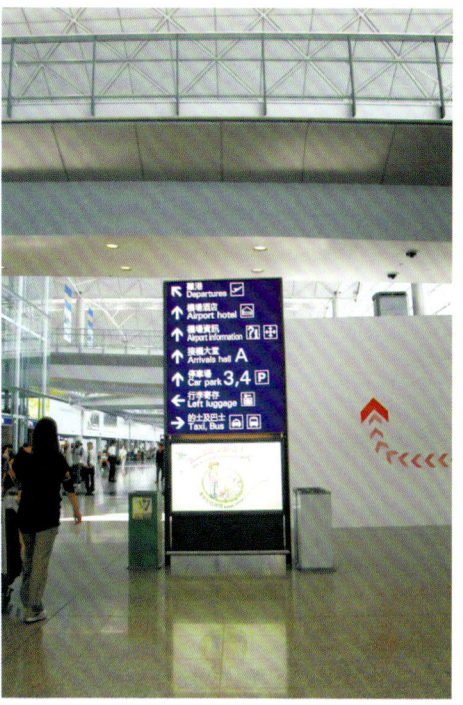

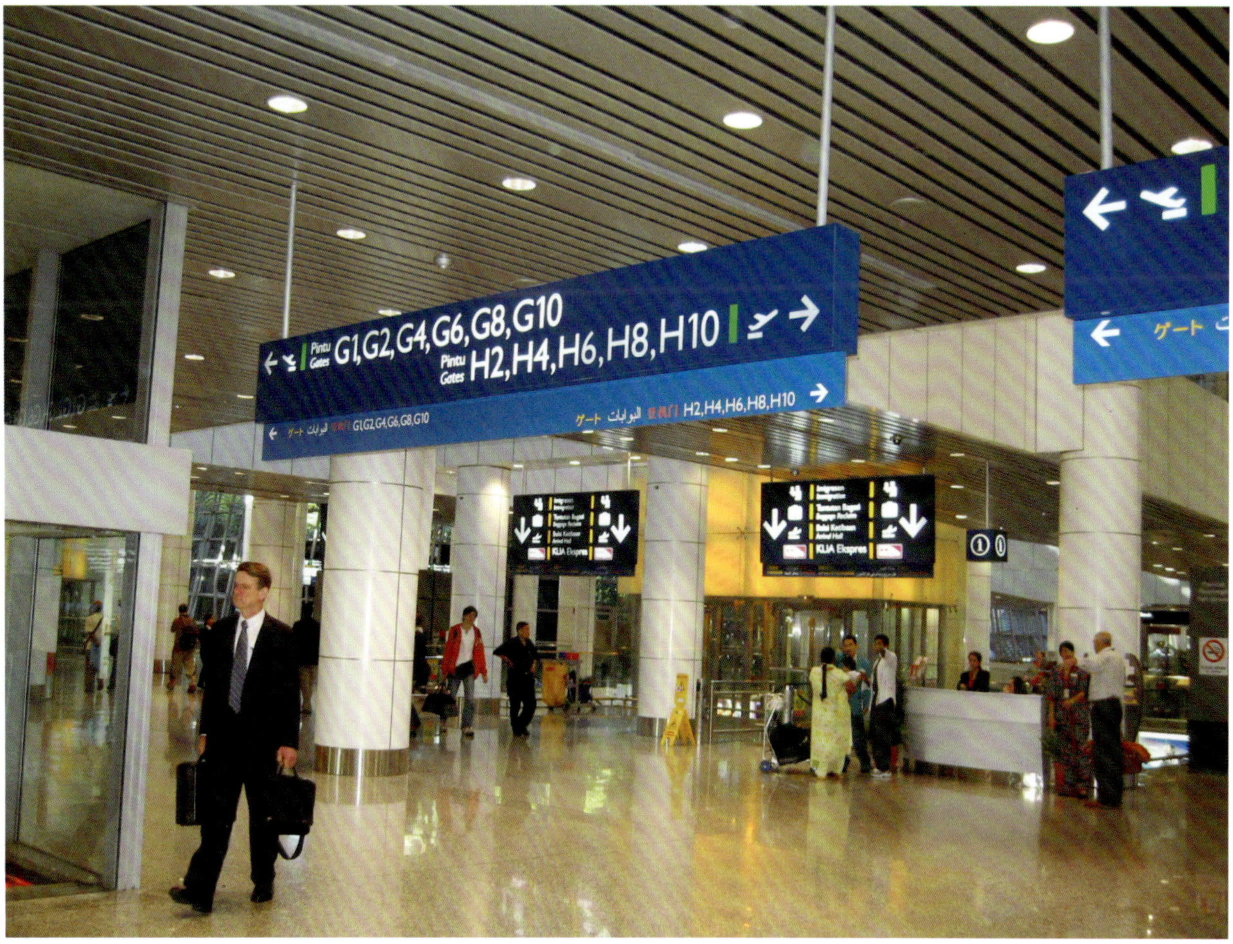
Pintu Gates G1,G2,G4,G6,G8,G10
Pintu Gates H2,H4,H6,H8,H10
KLIA Ekspres

造型的简洁明快并不是意味着简单、机械式的复制，标识造型的简洁明快是将自身作为环境整体的一部分而言的，并不是说简单的就是好的，而是在标识造型设计中，一切过多的、不必要的元素应坚决摒除。要保证标识系统与城市或地域的整体环境在形态上与内涵上协调统一，这是标识系统造型设计的基本要素之一。

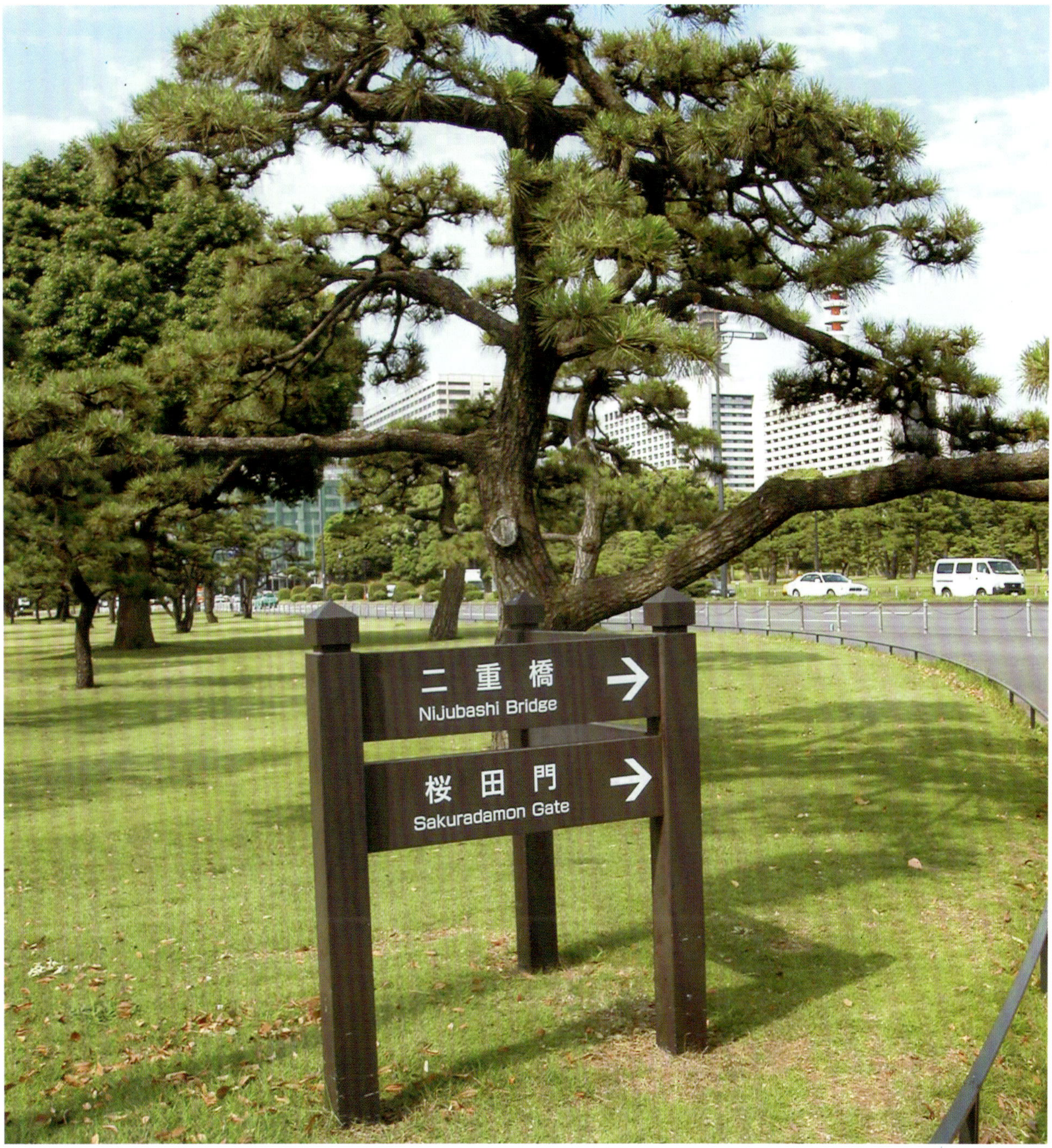
二重橋
Nijubashi Bridge
桜田門
Sakuradamon Gate

みなとみらい線
Minatomirai Line
みなとみらい駅
Minatomirai Sta.
M
みなとみらい線
Minatomirai Line
Queen's Square

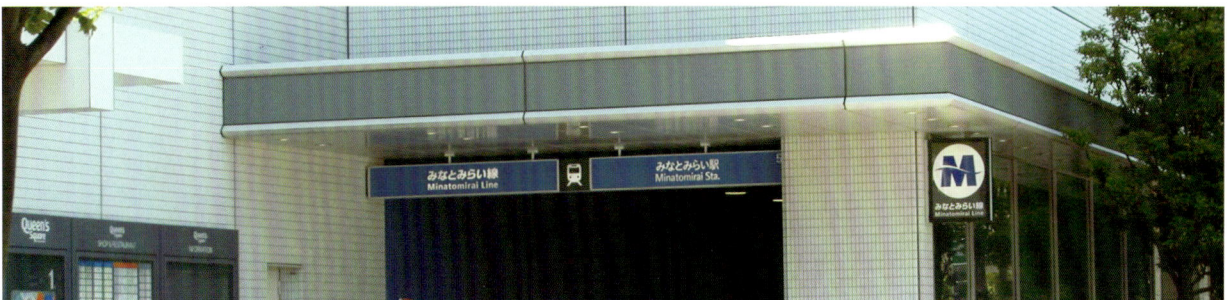

2.美观大方

作为设计艺术，标识系统除具有一般的设计艺术规律（如装饰美、秩序美等）之外，还有其独特的艺术规律。

符号美：标识艺术是一种独具符号艺术特征的图形设计艺术。它把来源于自然、社会以及人们观念中认同的事物形态、符号（包括文字）、色彩等，经过艺术的提炼和加工，使之结构成具有完整艺术性的图形符号，从而区别于装饰图和其他艺术设计。标识图形符号在某种程度上带有文字符号式的简约性、聚集性和抽象性，甚至有时直接利用现成的文字符号，但却不同于文字符号。它是以"图形"的形式体现的（现成的文字符号须经图形化改造），更具鲜明形象性、艺术性和共识性。符号美是标识设计中最重要的艺术规律。标识艺术就是图形符号的艺术。

在长期的社会生活实践中，不同地域、不同环境、不同国度的人们形成了各自富有地方特色的文化、信仰及习惯，在标识系统的造型设计中，必须认真汲取传统文化的营养，了解当地的信仰及习惯，在标识中融入地域文化精髓，使之在满足其基本功能的前提下，更具文化及艺术性。

	3
4	5

特征美：特征美也是标识独特的艺术特征。标识图形所体现的不是个别事物的个别特征（个性），而是同类事物整体的本质特征（共性），即类别特征。通过对这些特征的艺术强化与夸张，获得共识的艺术效果。这与其他造型艺术通过有血有肉的个性刻画获得感人的艺术效果是迥然不同的。但它对事物共性特征的表现又不是千篇一律和概念化的，同一共性特征在不同设计中可以而且必须各具不同的个性形态美，从而各具独特艺术魅力。

标识系统作为环境艺术的一部分，在艺术上兼具了内敛与张扬的两种性格。在内敛方面，它担负着诠释环境或地域文脉的传承，是环境或地域文化品质的重要体现；同时，它也有着极富个性色彩的艺术创意，而正是标识系统艺术个性上的差异，才更进一步凸显了标识系统的可视性、引领性，更好地完成标识系统的基本功能。

标识系统造型艺术的个性就是要在继承中勇于创新，在形式与内涵的表现上吸收传统文化的同时，要力求表现出地域特色、民族特色，这是标识系统造型艺术的延异性。共性与个性和谐，才能充分体现出标识系统的生命活力，构建和谐的环境文化。